应用型人才培养系列教材

单片机 C 语言程序设计

（第二版）

主　编　叶俊明　马海琴

副主编　苏鹏鉴　陈家栋　罗小梦　欧阳晓

主　审　彭东亚

西安电子科技大学出版社

内 容 简 介

本书的主要内容有 51 单片机的芯片引脚和最小系统、Keil C51 编程软件与 Proteus 仿真软件的使用、C51 语言、51 单片机的实践基础、51 单片机的中断系统、51 单片机常见的接口电路以及 10 个实验例子。本书在内容设计上难度逐渐加深，知识结构更加合理，从而使读者可以轻松入门并掌握单片机的相关知识。本书实用性强，相关代码都经过验证，可以直接运用到工程项目中。

本书可作为应用型本科及高职高专的电子信息工程技术、电气自动化技术、物联网应用技术等专业的教材。

图书在版编目(CIP)数据

单片机 C 语言程序设计 / 叶俊明，马海琴主编. —2 版. —西安：西安电子科技大学出版社，2021.7(2023.5 重印)
ISBN 978-7-5606-6115-5

Ⅰ. ① 单… Ⅱ. ① 叶… ② 马… Ⅲ. ① 单片微型计算机—C 语言—程序设计—高等学校—教材 Ⅳ. ① TP368.1 ② TP312.8

中国版本图书馆 CIP 数据核字(2021)第 144405 号

策　　划　陈　婷
责任编辑　陈　婷
出版发行　西安电子科技大学出版社(西安市太白南路 2 号)
电　　话　(029)88202421　88201467　　邮　　编　710071
网　　址　www.xduph.com　　电子邮箱　xdupfxb001@163.com
经　　销　新华书店
印刷单位　陕西日报印务有限公司
版　　次　2021 年 7 月第 2 版　2023 年 5 月第 5 次印刷
开　　本　787 毫米 × 1092 毫米　1/16　印　张　12.25
字　　数　289 千字
印　　数　8601～11 600 册
定　　价　34.00 元
ISBN 978-7-5606-6115-5 / TP
XDUP　6417002-5

前　言

单片机是一门实践性很强的综合学科，它不仅需要与计算机程序设计技术相结合，还需要与模拟电子技术、数字逻辑电路、电力电子等相关学科相结合。目前，单片机在物联网、家电、仪器仪表、工业控制等方面都有广泛的应用，各高等院校电子、通信、电气自动化等相关专业都开设了单片机课程。

由于单片机汇编语言指令多、缺乏通用性，学起来比较困难，因此目前的单片机开发技术已经从汇编语言开发慢慢转为高级语言开发。在高级语言中 C 语言应用最为广泛，这是因为 C 语言具有适用范围大，结构式语言便于使用、维护以及调试，且可移植性强等特点。C 语言与 51 单片机相结合的开发语言通常称为 C51 语言，其中加入了一些与 51 单片机有关的专属的语句。

本书以 Proteus 仿真软件为基础，提供了丰富的实验案例、习题和理论分析，可以使学生脱离实验室也能完成实验、实训和自主学习。案例分析简洁流畅、通俗易懂，具有良好的可读性。本书将单片机的硬件部分、C 语言基础理论、实验实训结合为一体。全书内容共分为 7 章。第 1 章介绍了单片机的硬件基础，简单介绍了 51 单片机的各个引脚，包括电源线、端口线、控制线，给出了 51 单片机最小系统的原理图，分析了 51 单片机复位电路、时钟电路的接口图，方便学生了解 51 单片机的硬件结构。第 2 章详细介绍了编写程序用的 Keil C 软件与仿真软件 Proteus ISIS。第 3 章介绍了 C51 语言程序设计基础，包括 C 语言基础、运算符与表达式、C51 语言流程控制语句、函数。第 4 章介绍了 51 单片机实践基础，如 LED 灯显示、按键、蜂鸣器的应用、静态数码管与动态数码管的显示、矩阵键盘、LED 点阵显示驱动。第 5 章介绍了 51 单片机的中断系统，包括中断系统总框架、中断服务函数、外部中断、定时/计数器工作原理、串行口中断。第 6 章介绍了 51 单片机的常用接口电路，如 220 V 控制电路、电机控制电路、液晶显示电路、步进电机电路、I^2C 总线和单总线协议等。第 7 章是实验指导，结合本书内容，编写了 10 个符合本科、高职高专学生学习的实验。

本书由桂林电子科技大学电子信息学院的叶俊明、马海琴主编，具体分工如下：第 1～3 章由苏鹏鉴、欧阳晓编写，第 4、5 章由罗小梦、陈家栋编写，第 6、7 章由叶俊明、马海琴编写。第二版在第 3 章增加了单片机的位操作；第 4 章增加了蜂鸣器的应用和 LED 点阵显示驱动；第 6 章增加了步进电路驱动控制、I^2C 总线存储器和基于 DS18B20 的温度计设计等内容；同时，修改了第一版中的部分图片和程序。在此向为本书出版提供宝贵意见的朋友表示感谢。

本书涉及内容较广，由于编者水平有限，书中难免存在疏漏和不足，敬请读者批评指正。

编　者

2021 年 3 月

目　　录

第 1 章　单片机硬件基础

单片微型计算机简称为单片机。单片机在一块芯片上集成了中央处理器(CPU)、存储器(随机数据存储器 RAM、只读程序存储器 ROM)、定时/计数器和输入/输出(I/O)端口等主要部件。常见的 51 系列单片机有 4 个 8 位的双向并行 I/O 端口(P0 口、P1 口、P2 口、P3 口)，每个端口既可以按字节输入、输出高/低电平，也可以按位输入、输出高/低电平。利用单片机的 I/O 端口可以方便地实现单片机与外围数字设备或芯片之间的信息传递。

1.1　51 单片机芯片引脚

单片机芯片的封装有直插式封装(DIP)与表面贴片式封装(SMD)两种，本书以直插式封装的单片机为例进行介绍。图 1.1 所示为 DIP 封装的 STC89C52 单片机引脚图。

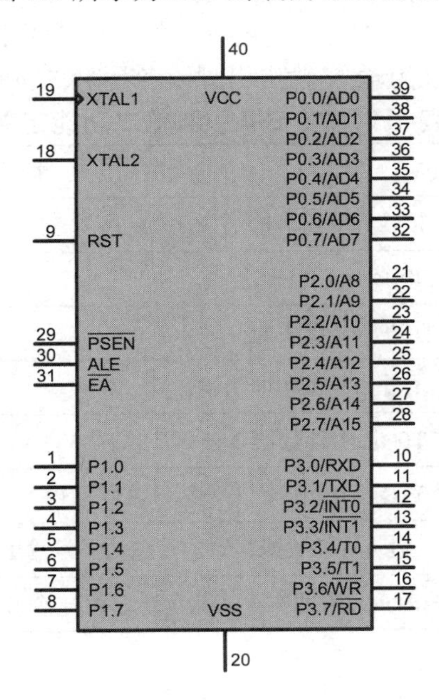

图 1.1　DIP 封装的 STC89C52 单片机引脚图

STC89C52 单片机有 40 个引脚，分为电源线、端口线和控制线三类。

1. 电源线

(1) VSS (20 脚)：接地引脚。

(2) VCC (40 脚)：正电源引脚。正常工作时，该脚接 +5 V 电源。

2. 端口线

51 系列单片机片内有 4 个 8 位并行 I/O 端口，即 P0 口、P1 口、P2 口、P3 口。它们可以双向使用。

(1) P0 口。如图 1.1 所示，32～39 脚为 P0.7～P0.0 输入/输出引脚。P0 口是一个双向的 8 位并行 I/O 口，每个 I/O 口可独立控制，片内没有上拉电阻，输入为高阻态，不能正常输出高/低电平，因此，P0 端口在使用中需要外接上拉电阻，方可输出高/低电平。如图 1.2 所示，一般上拉电阻选择 10 kΩ 电阻。P0 端口的驱动能力为其他端口(P1 口、P2 口、P3 口)的 2 倍。

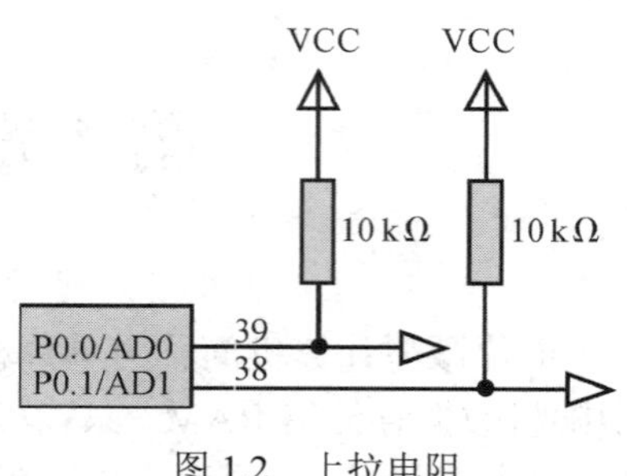

图 1.2　上拉电阻

(2) P1 口。1～8 脚为 P1.0～P1.7 输入/输出引脚。P1 口是一个准双向的 8 位并行 I/O 口，每个 I/O 口可独立控制，内部具有上拉电阻，故能正常输出高/低电平。I/O 口在作为输入口时，须先输出高电平作为准备，所以称为准双向口。

(3) P2 口。21～28 脚为 P2.0～P2.7 输入/输出引脚。P2 口是一个准双向的 8 位并行 I/O 口，每个 I/O 口可独立控制，内部具有上拉电阻，与 P1 口相似。

(4) P3 口。10～17 脚为 P3.0～P3.7 输入/输出引脚。P3 口是一个准双向的 8 位并行 I/O 口，每个 I/O 口可独立控制，内部具有上拉电阻。P3 口作为第一功能使用时就是普通的 I/O 口，与 P1 口相同。P3 口作为第二功能使用时，每一个 I/O 引脚的定义如表 1.1 所示。P3 口的每一个引脚可以单独定义为输入/输出引脚或者是第二功能引脚。

表 1.1　P3 口各引脚第二功能定义

P3 口引脚	第 二 功 能
P3.0	RXD(串行口输入)
P3.1	TXD(串行口输出)
P3.2	$\overline{\text{INT0}}$(外部中断 0 输入)
P3.3	$\overline{\text{INT1}}$(外部中断 1 输入)
P3.4	T0(定时/计数器 0 外部计数脉冲输入)
P3.5	T1(定时/计数器 1 外部计数脉冲输入)
P3.6	$\overline{\text{WR}}$(片外数据存储器写选通信号输出)
P3.7	$\overline{\text{RD}}$(片外数据存储器读选通信号输出)

3. 控制线

(1) RST(9 脚)。RST 为单片机的复位引脚。当引脚上出现 24 个时钟周期以上的高电平时有效。复位后，单片机程序重新开始执行，单片机正常工作时，该引脚应保持低电平。

(2) XTAL1 和 XTAL2(19 和 18 脚)。XTAL1 引脚为片内振荡电路的输入端，XTAL2 引脚为片内振荡电路的输出端。51 系列单片机的时钟产生方式有两种，一种是内时钟振荡方式(如图 1.3(a)所示)，需要在 18 和 19 引脚上外接石英晶体和振荡电容；另一种是外部时钟振荡方式(如图 1.3(b)所示)，即将 XTAL1 接地，外部时钟信号从 XTAL2 引脚输入。

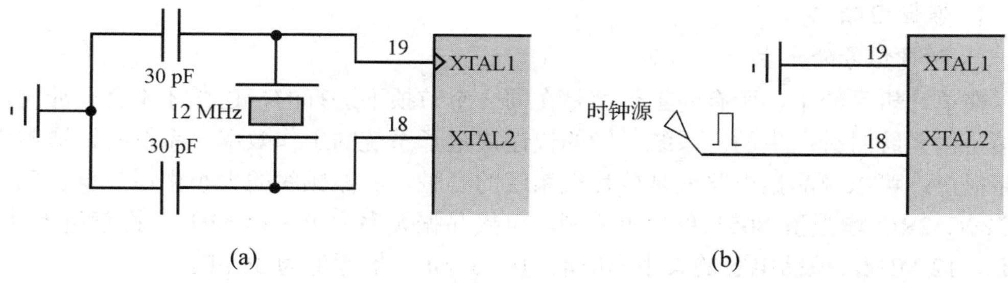

图 1.3　内、外时钟连接方式

(3) ALE(30 脚)。ALE 引脚为地址锁存允许/编程引脚。当访问外部程序存储器时，ALE 的输出用于锁存地址的低位字节。当不访问外部程序存储器时，ALE 端将输出一个 1/6 时钟频率的正脉冲信号，这个信号可以用于识别单片机是否工作，也可以当作一个时钟向外输出。

(4) $\overline{EA}$ (31 脚)。$\overline{EA}$ 引脚允许访问片外程序存储器/编程电源线。该引脚接高电平时，访问片内程序存储器；该引脚接低电平时，访问片外程序存储器。即

$\overline{EA}=1$，片内程序存储器有效；

$\overline{EA}=0$，片外程序存储器有效，此时必须有外部扩展存储器。

通常在使用中，该脚接高电平。

(5) $\overline{PSEN}$ (29 脚)。$\overline{PSEN}$ 为片外 ROM 选通线。

1.2　单片机最小系统

单片机最小系统是指用最少的元件组成的一个可以工作的应用系统，对于 51 系列单片机来讲，最小系统主要包括单片机、晶振电路、复位电路。图 1.4 所示为单片机的最小系统原理图。

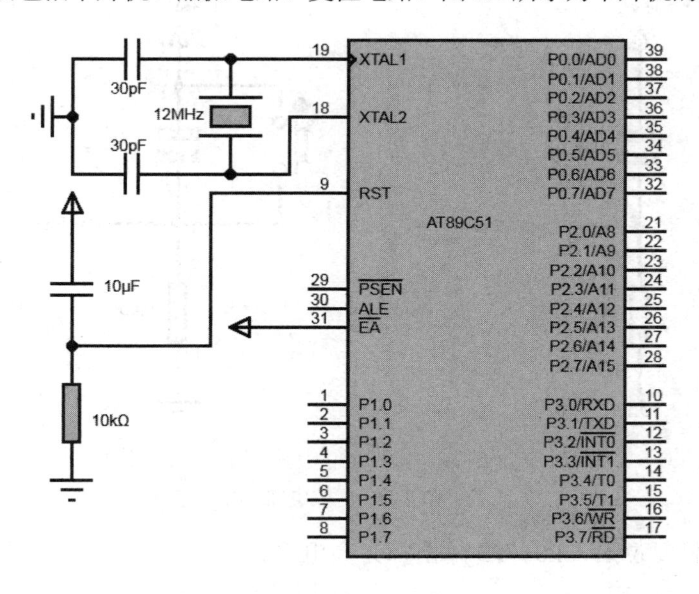

图 1.4　单片机最小系统原理图

1. 晶振电路

1) 时钟信号的产生

在单片机系统中，所有的工作都是在同一个节拍下进行的，这样才不会有冲突，这个节拍是由系统时钟产生的。系统时钟的快慢决定了系统的工作效率，系统时钟通常由晶振电路提供，可以说晶振电路就是单片机系统的心脏。晶振频率的大小由用户自己确定，以STC89C52RC 增强型 8051 单片机为例，可接晶振频率为 0～40 MHz，推荐值为 11.0592 MHz、12 MHz，振荡电容的大小一般取 10～30 pF，推荐值为 30 pF。

2) 时序

(1) 时钟周期。时钟周期又称为振荡周期，由单片机的内部振荡电路(OSC)产生，定义为 OSC 时钟频率的倒数，即 $T_{时} = 1/f_{osc}$。时钟频率的大小由晶振频率的大小决定。

(2) 机器周期。机器周期为单片机的基本操作周期，在一个机器周期内，CPU 可以完成一个最简单的独立操作。MCS-51 单片机的一个机器周期由 12 个时钟周期组成，即机器周期 = 12×时钟周期。例如，若单片机系统的振荡器频率为 12 MHz，则可以计算出 1 个机器周期的时间为 1 μs。

3) 电磁兼容性的考虑

时钟源通常是系统中最严重的电磁辐射源，如果系统中接线过长，该长线就变成了天线，因此，在布线的时候要求时钟源尽量靠近单片机，布线尽量短。

2. 复位电路

MCS-51 单片机有一个复位引脚 RST(9 脚)，高电平有效。在时钟电路工作以后，当外部电路使得该引脚上出现两个机器周期(24 个时钟周期)以上的高电平时，单片机复位。常用的复位方式有两种：上电复位(对应电路如图 1.5(a)所示)和手动复位(对应电路如图 1.5(b)所示)。

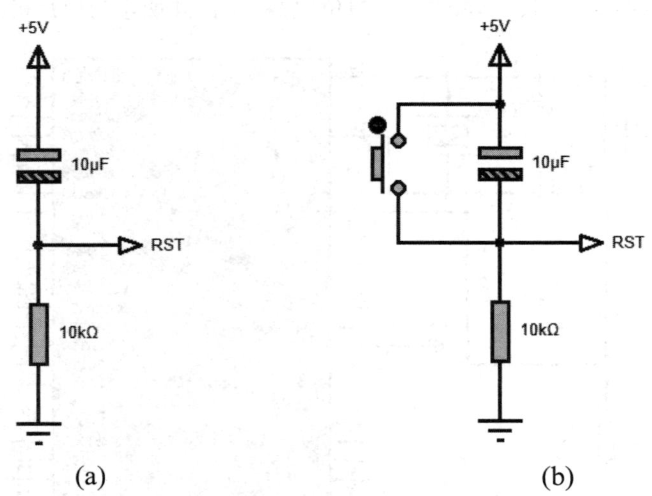

图 1.5　复位电路

注意：单片机复位后，P0～P3 输出都为高电平。

1.3　单片机最小系统电路设计应注意的问题

设计单片机最小系统电路时需要注意以下问题：

(1) P0 口需要加上拉电阻，推荐用 10 kΩ 的排阻。

(2) 在 P0、P1、P2、P3 各个端口外面加上排针，方便接线用。

(3) 在电源输入端加入 0.1 μF 的滤波电容。

(4) $\overline{EA}$引脚直接接到 VCC。

(5) 要多加电源接线针。

(6) 设计四个下载程序用的接口针，接口针分别连接到 VCC、VSS、P3.0、P3.1。

(7) 设计 PCB 时，晶振需要靠近单片机的 18、19 脚，晶振的起振电容不能离晶振过远。

(8) 设计 PCB 时，单片机的四个下载接口应在电路板的边沿，以方便接线。

习　题

1. 设 51 单片机的晶振频率是 12 MHz，则单片机的时钟周期和机器周期是多少?
2. 51 单片机的起振电容一般是多大?
3. 51 单片机的引脚有多少个?
4. 如果 51 单片机要使用片内的程序存储器，则 $\overline{EA}$ 引脚需要接什么电平?
5. 51 单片机的哪一个端口内部没有上拉电阻?
6. 51 单片机的哪一个端口有第二功能?
7. 51 单片机总共有多少个 I/O 口?
8. 51 单片机的第几引脚是复位引脚?

第 2 章　单片机开发环境

单片机应用系统的仿真开发平台有两个常用的工具软件：Keil C51 和 Proteus ISIS。Keil C51 是美国 Keil Software 公司出品的 51 系列兼容单片机 C 语言软件开发系统，Keil 用于 C 语言源程序的编辑、编译、链接、调试、仿真。Proteus 是英国 Lab Center Electronics 公司开发的电路分析与实物仿真软件，Proteus 软件由 ISIS 和 ARES 两个软件构成，其中 ISIS 是原理图编辑与仿真软件，ARES 是布线编辑软件，本章只介绍 Proteus ISIS 软件。

2.1　Keil C 的使用

Keil C51 到目前经历了多个版本，下面通过 Keil μVision4 介绍系统的功能和使用。

1. Keil C 的安装

Keil μVision4 的安装与其他软件安装的方法相同，安装过程比较简单，安装目录按照默认目录即可。

2. Keil μVision4 界面介绍

单击“Keil μVision4”图标，启动 Keil μVision4 程序，可以看到如图 2.1 所示的 Keil μVision4 主界面。

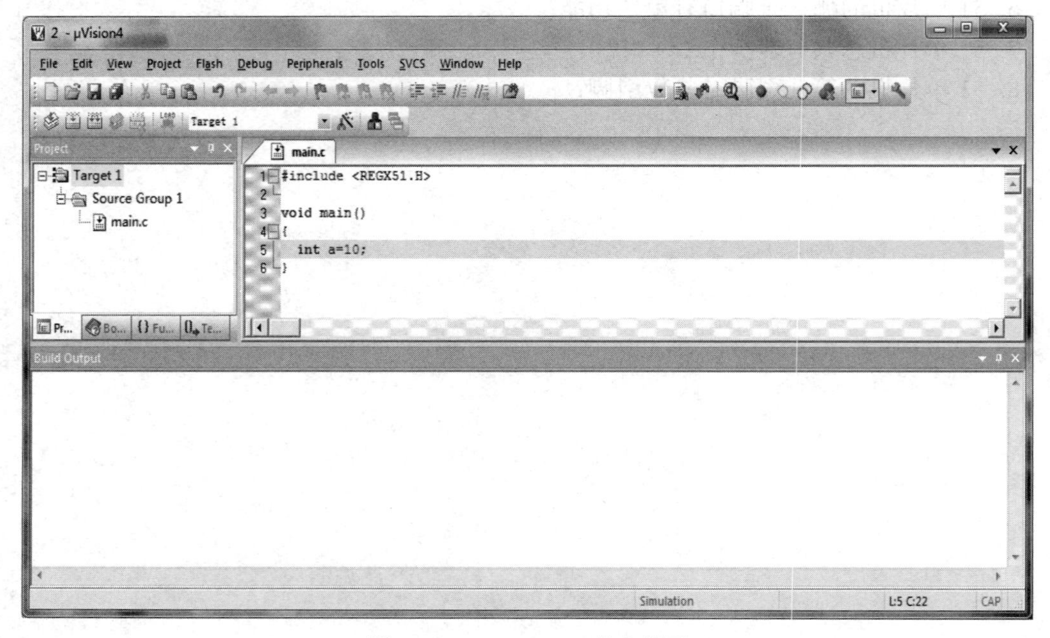

图 2.1　Keil μVision4 的主界面

Keil μVision4 的主界面提供各种操作菜单，如文件操作、编辑操作、项目维护、开发工具选项设置、调试程序、窗口选择和处理以及在线帮助等，工具条按钮提供键盘快捷键(用户可自行设置)。下面以表格的形式简要介绍 Keil μVision4 中常用的菜单栏、工具按钮和快捷方式。

Keil μVision4 有两种操作模式：编辑模式和调试模式，用“Debug”菜单下的“Start/Stop Debug Session”(开始/停止调试模式)命令进行切换。编辑模式可以建立项目和文件，编译项目和文件并产生可执行的程序；调试模式提供的调试器可以用来调试项目。

(1) 文件菜单(File)：文件菜单的说明如表 2.1 所示。

表 2.1　文 件 菜 单

File 菜单	工具按钮	快捷键	说　明
New		Ctrl + N	创建一个新的文本文件(源程序文件)
Open		Ctrl + O	打开一个已有的文件
Close			关闭当前文件
Save		Ctrl + S	保存当前文件
Save as…			保存并重新命名当前文件
Save All			保存所有打开的文本文件(源程序文件)
Device Database			维护 μVision4 设备数据库
Print Setup			打印机安装
Print		Ctrl + P	打印当前文件
Print Preview			打印预览
Exit			退出 μVision4

(2) 编辑菜单(Edit)：编辑菜单的说明如表 2.2 所示。

表 2.2　编 辑 菜 单

Edit 菜单	工具按钮	快捷键	说　明
Undo		Ctrl + Z	撤销上次操作
Redo		Ctrl + Shift + Z	恢复上次撤销的操作
Cut		Ctrl + X	将所选文本剪切到剪贴板
Copy		Ctrl + C	将所选文本复制到剪贴板

续表

Edit 菜单	工具按钮	快捷键	说　明
Paste		Ctrl + V	粘贴剪贴板上的文本
Toggle Bookmark		Ctrl + F2	设置/取消当前行的书签
Goto Next Bookmark		F2	移动光标到下一个书签
Goto Previous Bookmark		Shift + F2	移动光标到上一个书签
Clear All Bookmark			清除当前文件的所有书签
Find		Ctrl + F	在当前文件中查找文本
Replace		Ctrl + H	替换特定的文本
Find in Files			在几个文件中查找文本

(3) 视图菜单(View)。视图菜单的说明如表 2.3 所示。

表 2.3　视 图 菜 单

View 菜单	工具按钮	说　明
Status Bar		显示/隐藏状态栏
File Toolbar		显示/隐藏文件工具栏
Build Toolbar		显示/隐藏编译工具栏
Debug Toolbar		显示/隐藏调试工具栏
Project Window		显示/隐藏工程窗口
Output Window		显示/隐藏输出窗口
Source Browser		显示/隐藏资源浏览器窗口
Disassembly Window		显示/隐藏反汇编窗口
Watch&Call Stack Window		显示/隐藏观察和访问堆栈窗口
Memory Window		显示/隐藏存储器窗口

续表

View 菜单	工具按钮	说　明
Code Coverage Window		显示/隐藏代码覆盖窗口
Performance Analyzer Window		显示/隐藏性能分析窗口
Serial Window #1		显示/隐藏串行窗口 1
Toolbox		显示/隐藏工具箱
Periodic Window Update		运行程序时，周期刷新调试窗口
Workbook Mode		显示/隐藏工作簿窗口的标签
Include Dependencies		显示/隐藏头文件
Options		设置颜色、字体、快捷键选项

(4) 工程菜单(Project)。常用的工程操作工具如表 2.4 所示。

表 2.4　工程操作工具

Project 菜单	工具按钮	快捷键	说　明
New Project			创建一个新工程
Open Project			打开一个已有的工程
Close Project			关闭当前工程
Components Environment, Books...			定义工具系列、包含文件和库文件的路径
Select Device for Target			从设备数据库中选择一个 CPU
Remove Item			从工程中删除一个组或文件
Options for Target/group/file		Alt + F7	设置对象、组或文件的工具选项
Build target		F7	编译链接当前文件并生成应用
Rebuild all target files			重新编译链接所有文件并生成应用
Translate		Ctrl + F7	编译当前文件
Stop build			停止当前的编译链接进程

(5) 调试操作(Debug)：常用的调试工具菜单如表 2.5 所示。

表 2.5　调 试 菜 单

Debug 菜单	工具按钮	快捷键	说　明
Start/Stop Debug Session			启动/停止调试模式
Go			执行程序，直到下一个有效的断点
Step			跟踪执行程序
Step Over			单步执行程序，跳过子程序
Step Out			执行到当前函数的结束
Run to Cursor line	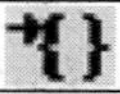		执行到光标所在行
Stop Running			停止程序运行
Breakpoints			打开断点对话框
Insert/Remove Breakpoint			在当前行插入/清除断点
Enable/Disable Breakpoint			使能/禁止当前行的断点
Disable All Breakpoint			禁止程序中的所有断点
Kill All Breakpoint			清除程序中的所有断点
Show Next Statement			显示下一条执行的语句/指令
View Trace Records			显示以前执行的指令
Enable/Disable Trace...			使能/禁止程序运行跟踪记录
Memory Map			打开存储器空间配置对话框
Performance Analyzer			打开性能分析器的设置对话框
Inline Assembly			对某一行汇编，可以修改汇编
Function Editor			编辑调试函数和调试配置文件

3. Keil μVision4 工程创建方法

Keil μVision4 是一个集工程管理、源代码编辑、程序调试仿真于一体的集成开发环境。可以用来编写及编译 C 源码、汇编代码，连接和生成目标文件，即 HEX 文件，并且可以调试程序。

一般操作步骤如下：

(1) 创建工程文件。

(2) 给工程添加程序文件(.C 文件或者.ASM 文件)。

(3) 编译程序文件，连接项目，生成 HEX 文件。

(4) 仿真运行、调试，观察结果。

① 启动“Keil μVision4 IDE”后，Keil μVision4 总是打开用户上一次处理的工程。如果要建立一个新的工程，可以通过执行菜单命令“Project”→“New μVision Project…”来实现，如图 2.2 所示。

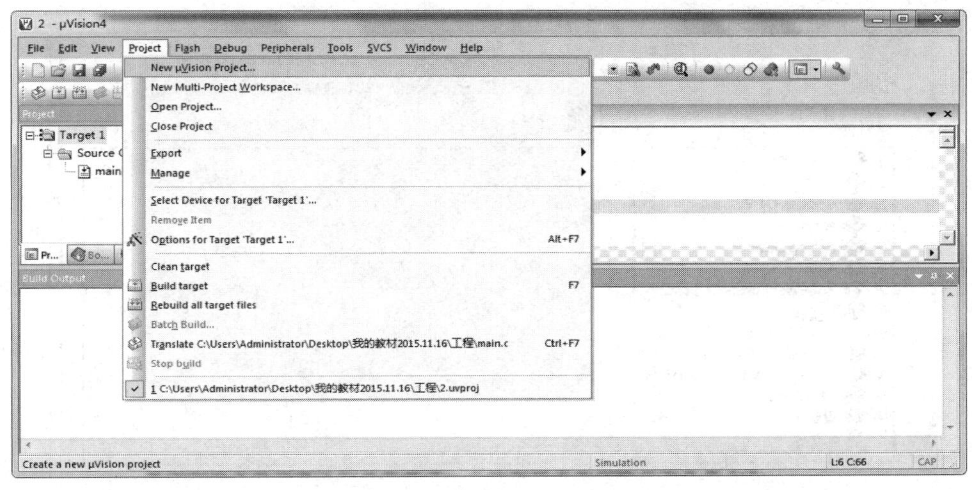

图 2.2　建立新工程界面

② 为工程选择一个存放的目录并取一个名字，建议每个工程单独建立一个目录来存放，并将工程中所需要的文件都放在这个目录下。名字可以用中文，建议文件名为“MyProject”，保存类型为默认，最后点击保存，如图 2.3 所示。

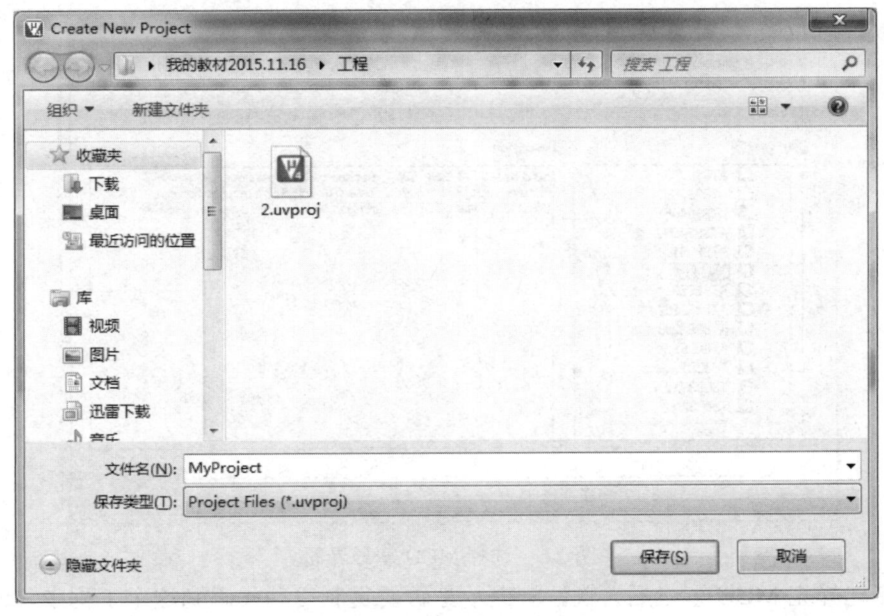

图 2.3　建立存放目录界面

③ 为工程选择目标设备。如图2.4所示，这个对话框要求选择目标CPU(即所用芯片的型号)。Keil支持的CPU很多，以选择 Atmel公司的AT89S52芯片为例，点击“Atmel”前面的“+”号，展开该层，点击其中的“AT89S52”，如图2.5所示，然后再点击“OK”按钮，完成选择MCU型号的操作。

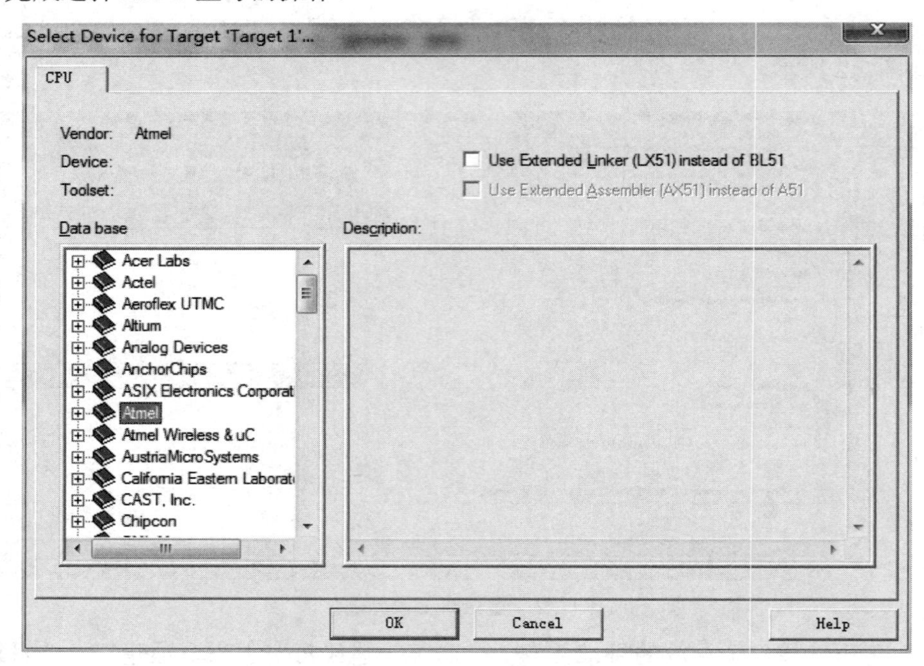

图2.4　选择目标CPU界面

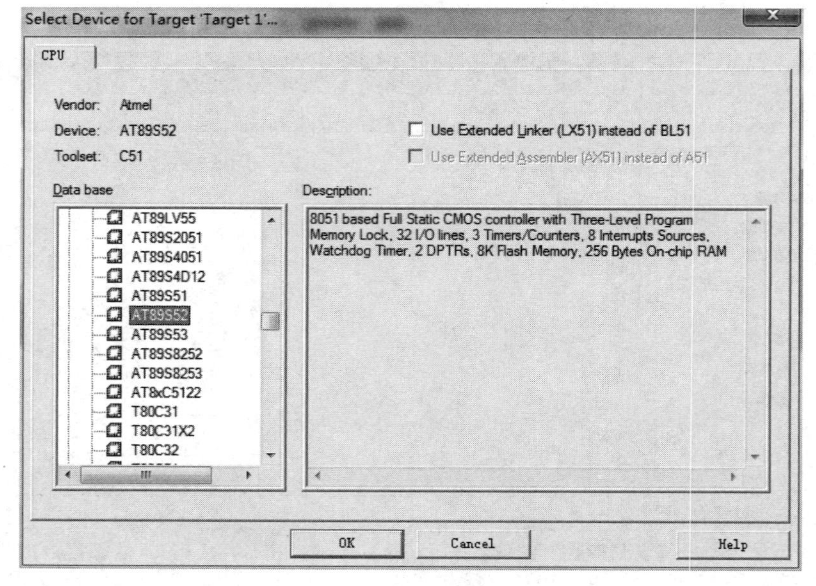

图2.5　选择MCU型号界面

④ 在选择完MCU型号后，软件会提示是否要复制启动代码到这个工程中，这里选择“否”，因为我们要自己添加一个C语言或者汇编语言源文件，如图2.6所示。

图 2.6　软件提示界面

⑤ 在执行上一步后，就能在工程窗口的文件页中出现“Target 1”了，前面有“+”号，点击“+”号展开，可以看到下一层的“Source Group 1”，这时的工程还是一个空的工程，里面什么文件也没有。到这里就完整地把一个工程建立好了，如图 2.7 所示。

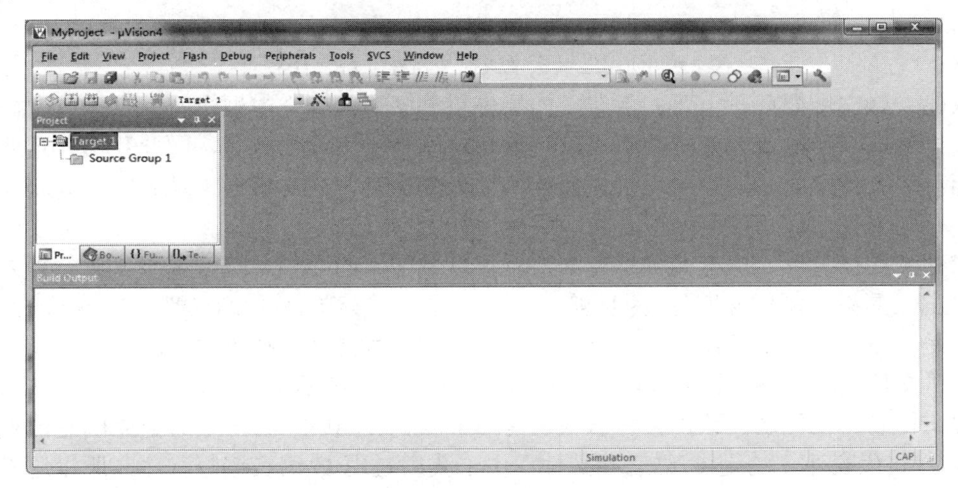

图 2.7　建立好完整工程的界面

4. 源文件的建立

使用菜单“File” → “New…”，如图 2.8 所示，或者点击工具栏的新建文件快捷按钮，就可以在项目窗口的右侧打开一个新的文本编辑窗口，如图 2.9 所示。

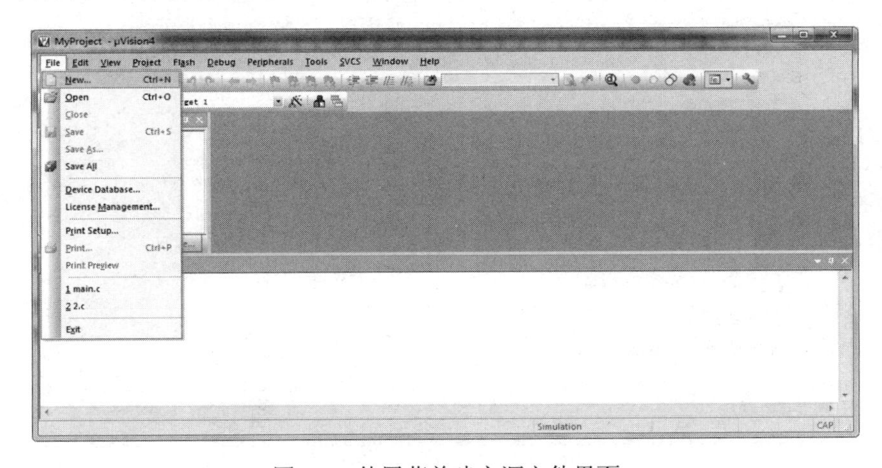

图 2.8　使用菜单建立源文件界面

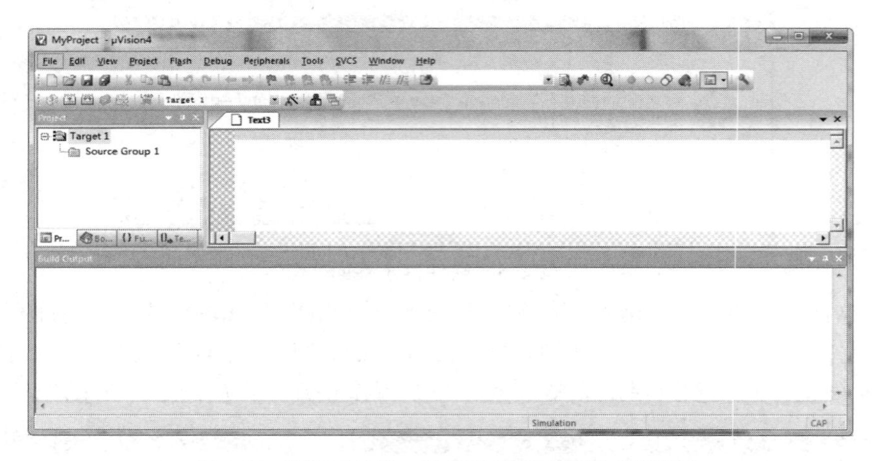

图 2.9　使用工具栏中快捷按钮建立源文件界面

在建立好文本框后一定要先保存，如果先将程序输入到文本框中再保存，有时由于特殊原因导致电脑断电或者死机，那么所花费的时间和精力就白费了，因此我们一定要养成先保存再输入程序的好习惯。而且先保存再输入程序时，在文本框中关键字就会变成其他颜色，有利于我们在写程序时检查所写关键字是否有误。

保存文件很简单，也有很多种方法，这里以最常用的四种方法来说明。第一种方法是直接单击工具条上的保存图标；第二种方法是点击菜单栏的“File”→“Save”；第三种方法是点击菜单栏的“File”→“Save As...”；第四种是按快捷键“Ctrl + S”。

在“文件名(N)”后面的文本框中输入源文件的名字和后缀名时，为了便于管理文件，一般源文件名和工程名一致，文件后缀名为 .asm 或 .c，其中 .asm 代表建立的是汇编语言源文件， .c 代表建立的是 C 语言源文件，由于我们是用 C 语言编写程序，所以这里的后缀为 .c，如图 2.10 所示。

图 2.10　输入源文件后缀名界面

5. 为工程添加源文件

建立好的工程和建立好的程序源文件其实是相互独立的，一个单片机工程是要将源文件和工程联系到一起，这时就需要手动加入源程序：点击软件界面左上角的“Source Group 1”使其反白显示，然后点击鼠标右键，出现一个下拉菜单，选中其中的“Add Files to Group ‘Source Group 1’ …”如图 2.11 所示。

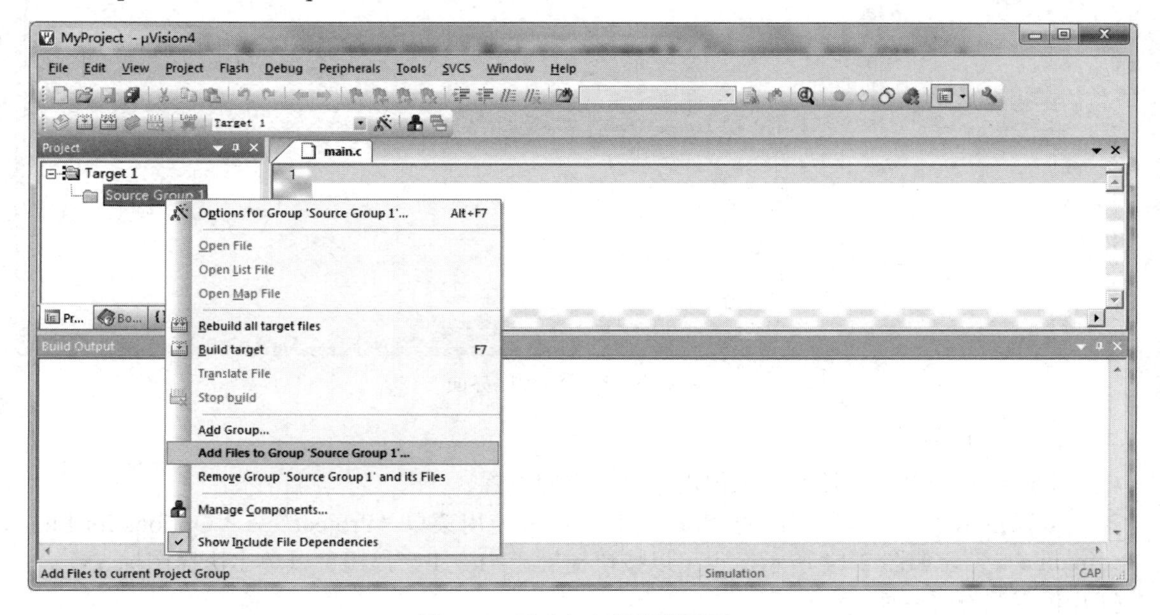

图 2.11　手动加入源程序界面

在执行上面的步骤后会出现一个对话框，要求寻找源文件，需要注意的是，该对话框下面的“文件类型”默认为“C Source file (*.c)”，也就是以 C 为扩展名的文件。我们可以找到刚刚创建的 main.c 文件，如图 2.12 所示。

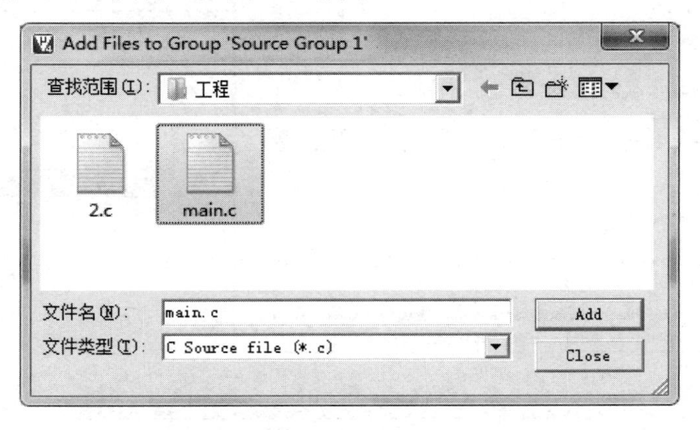

图 2.12　默认源文件界面

点击“Add”，然后点击“Close”，即可返回主界面。返回后点击“Source Group 1”前面的加号，会发现“main.c”文件已在其中。双击文件名“main.c”，即可打开该源程序，如图 2.13 所示。此时就可以在 main.c 源文件上编写 C 语言程序了。

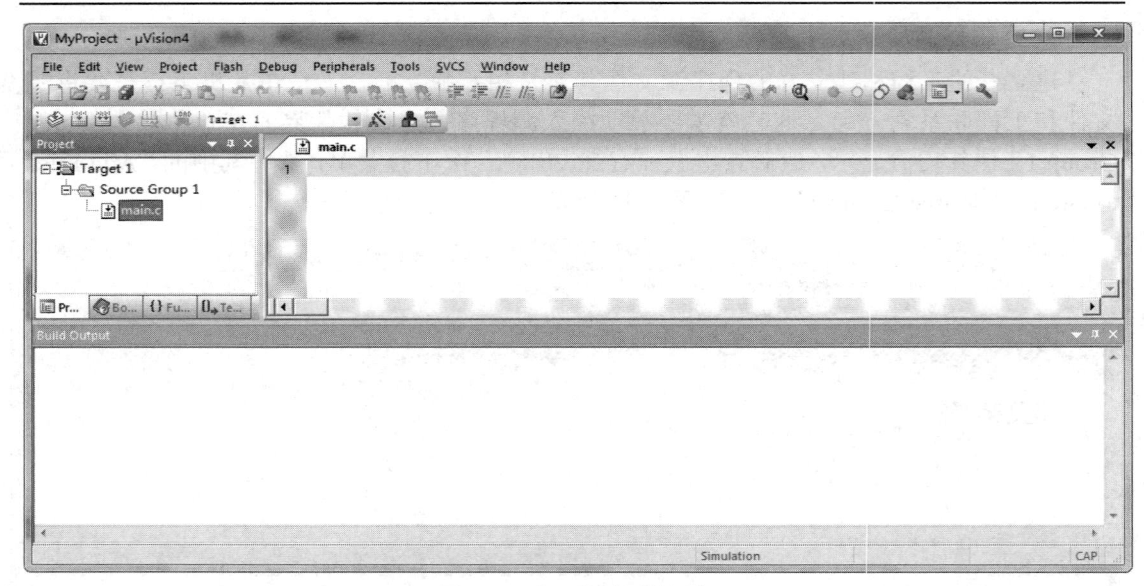

图 2.13　打开源程序界面

6. 工程的设置

工程建立好以后，还要对工程进行进一步的设置。

可以点击“Project”窗口的“Target 1”，或者使用菜单“Project”→“Options for File ‘main.c…’”，如图 2.14 所示，也可以按快捷键“Alt + F7”，还可以单击快捷图标 ，打开相应的设置界面。

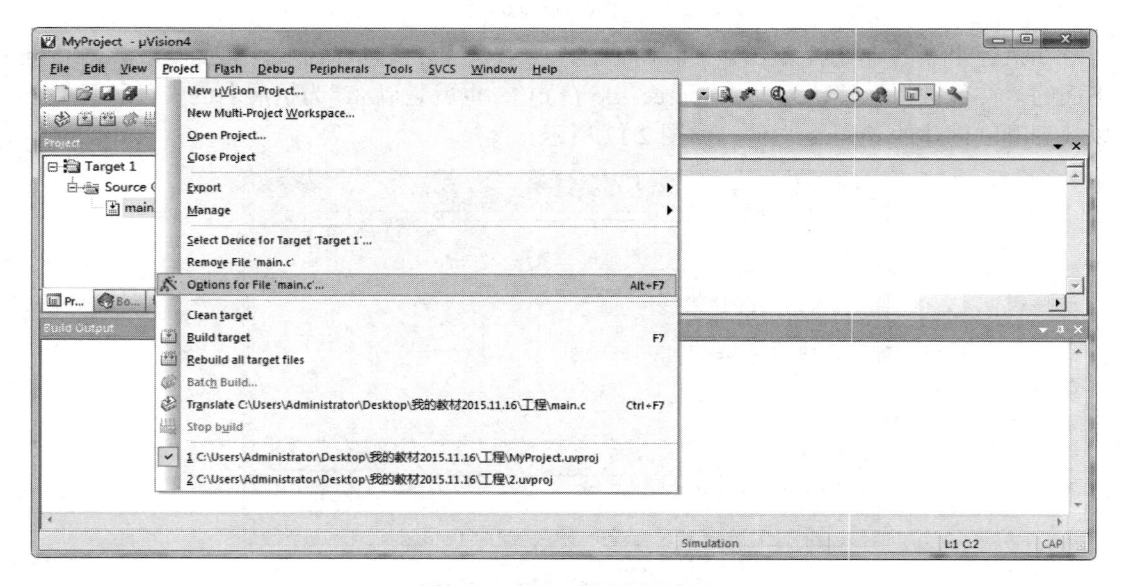

图 2.14　进入工程设置界面

设置对话框中默认的就是 Target 页面，如图 2.15 所示，Xtal 后面的数值是晶振频率值，默认值是所选目标 CPU 的最高可用频率值，对于我们所选的 AT89S52 而言，是 33 MHz，该数值与最终产生的目标代码无关，仅用于软件模拟调试时显示程序执行时间。正确设置该数值可使显示时间与实际所用时间一致，一般将其设置成与硬件所用晶振频率相同，如果没必要了解程序执行的时间，也可以不设，这里设置为 12.0。

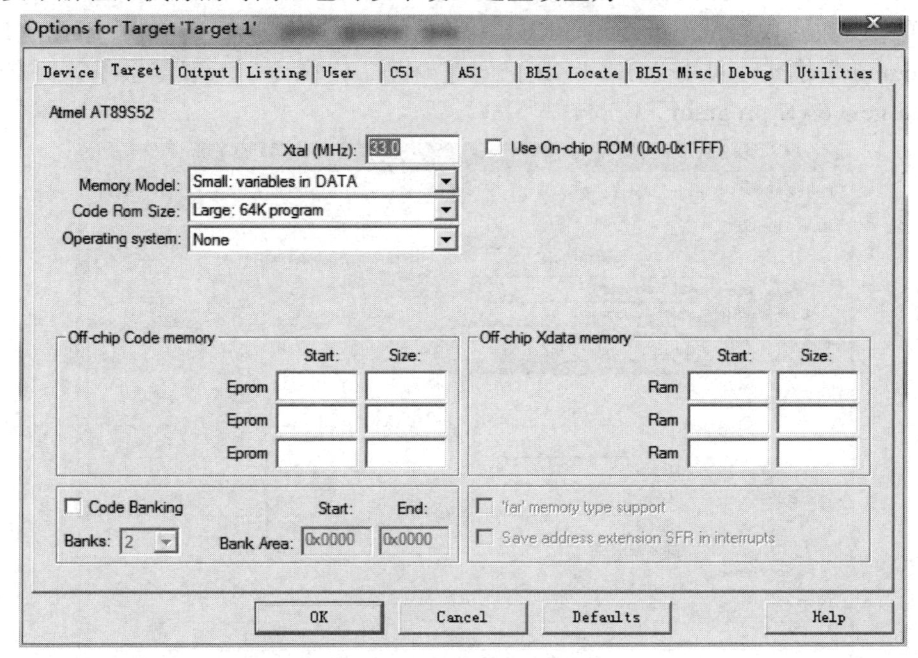

图 2.15　Target 设置界面

Memory Model：用于设置 RAM 的使用情况，有三个选择项，“Small：variables in DATA”是所有变量都在单片机的内部 RAM 中；“Compact：variables in PDATA”是可以使用一页外部扩展 RAM；而“Large：variables in XDATA”则是可以使用全部外部的扩展 RAM，如图 2.16 所示。一般都采用默认方式，也就是“Small：variables in DATA”方式。

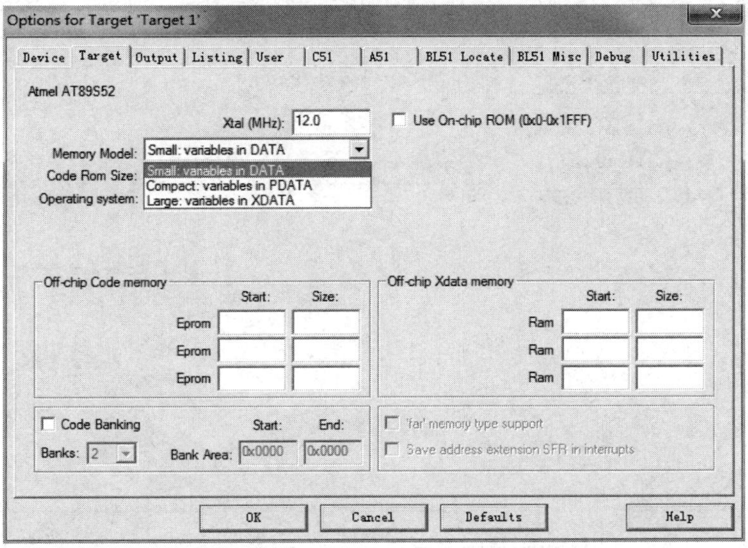

图 2.16　RAM 设置界面

Code Rom Size：用于设置 ROM 空间的使用，同样也有三个选择项，即“Small：program 2 K or less”模式，只用低于 2 KB 的程序空间；“Compact：2K functions，64 K program”模式，单个函数的代码量不能超过 2 KB，整个程序可以使用 64 KB 程序空间；“Large：64 K program”模式，可用全部 64 KB 空间，如图 2.17 所示。一般都采用默认方式，也就是“Large：64 K program”模式。

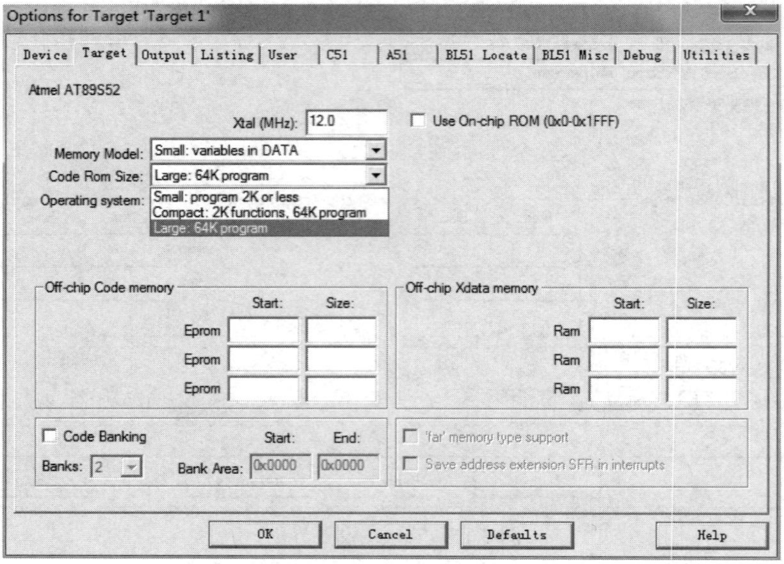

Options for Target 'Target 1'
Device | Target | Output | Listing | User | C51 | A51 | BL51 Locate | BL51 Misc | Debug | Utilities
Atmel AT89S52
Xtal (MHz): 12.0　　Use On-chip ROM (0x0-0x1FFF)
Memory Model: Small: variables in DATA
Code Rom Size: Large: 64K program
Operating system: Small: program 2K or less / Compact: 2K functions, 64K program / Large: 64K program
Off-chip Code memory　Start:　Size:　Eprom　Eprom　Eprom
Off-chip Xdata memory　Start:　Size:　Ram　Ram　Ram
Code Banking　Start:　End:　Banks: 2　Bank Area: 0x0000　0x0000
'far' memory type support
Save address extension SFR in interrupts
OK　Cancel　Defaults　Help

图 2.17　设置 ROM 空间界面

Output 页面设置对话框如图 2.18 所示。这里面也有多个选择项，其中“Create HEX File”用于生成可执行代码文件(可以用编程器写入单片机芯片的 HEX 格式文件，文件的扩展名

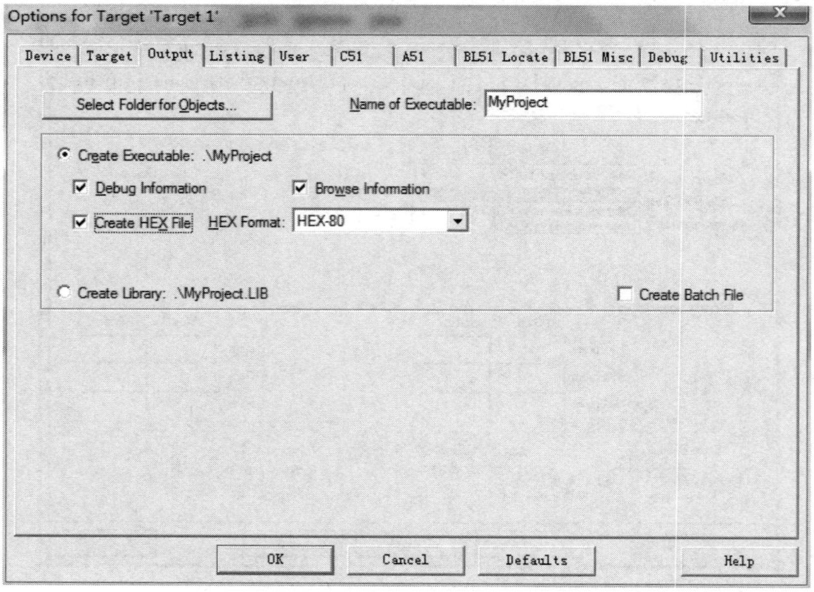

Options for Target 'Target 1'
Device | Target | Output | Listing | User | C51 | A51 | BL51 Locate | BL51 Misc | Debug | Utilities
Select Folder for Objects...　Name of Executable: MyProject
Create Executable: .\MyProject
Debug Information　Browse Information
Create HEX File　HEX Format: HEX-80
Create Library: .\MyProject.LIB　Create Batch File
OK　Cancel　Defaults　Help

图 2.18　Output 页面设置界面

为 .hex)，默认情况下该项未被选中，如果要写入可执行文件到单片机做硬件实验，就必须选中该项。按钮“Select Folder for Objects…”用来选择最终的目标文件所在的文件夹，默认是与工程文件在同一个文件夹中。“Name of Executable”用于指定最终生成的目标文件的名字，默认与工程的名字相同。这两项根据实际需要可做修改。

7. 编译、连接

在设置好工程后，即可进行编译、连接。选择菜单“Project”→“Build target”，对当前工程进行连接。如果当前文件已修改，软件会先对该文件进行编译，然后再连接以产生目标代码；如果选择“Rebuild all target files”，将会对当前工程中的所有文件重新进行编译，然后再连接，确保最终生成的目标代码是最新的，而 Translate 项则仅对该文件进行编译，不进行连接，如图 2.19 所示。

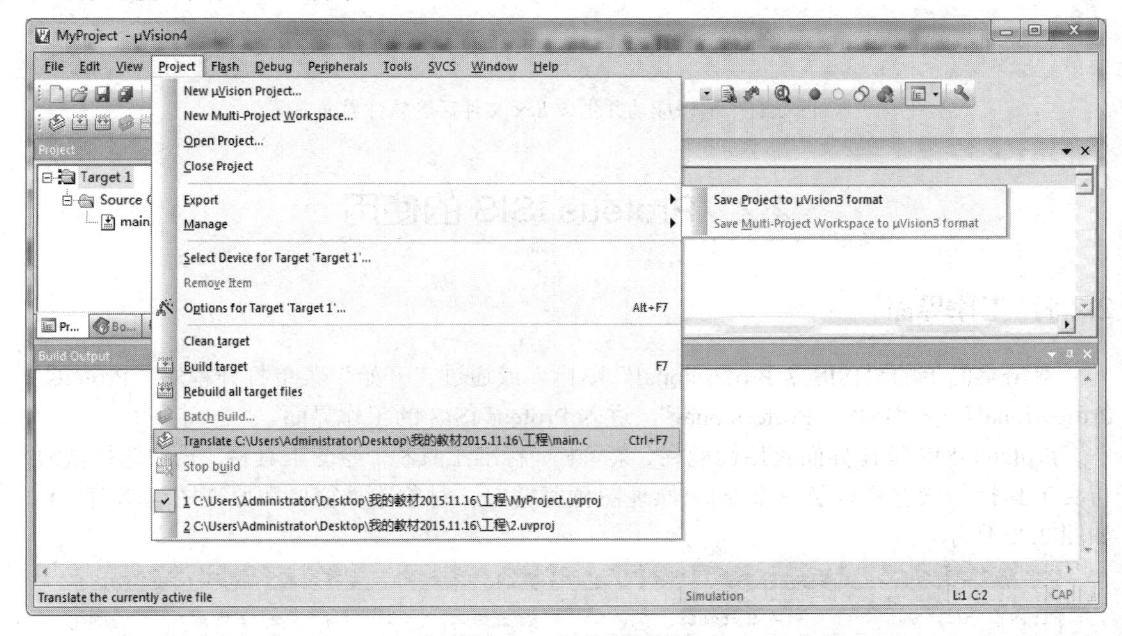

图 2.19　工程编译连接界面

以上操作也可以通过工具栏按钮直接进行。图 2.20 是有关编译、设置的工具栏按钮，从左到右分别是：编译当前文件、编译目标文件、编译所有目标文件、分批编译、停止编译、下载、工程目标选择框和工程目标选项。

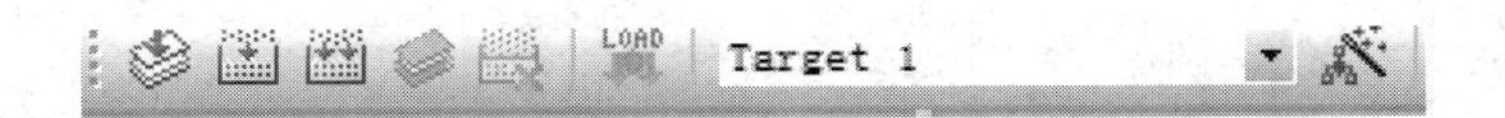

图 2.20　编译、设置的工具栏按钮

编译过程中的信息将出现在输出窗口中的 Build 页中，如果源程序中有语法错误，会有错误报告出现，双击该行，可以定位到出错的位置。对源程序反复修改之后，最终会得到如图 2.21 所示的结果，系统提示获得了名为“main.hex”的文件，该文件可被编程器读入并写到芯片中，同时还产生一些其他相关的文件，可用于 Keil 的仿真与调试，这时可以进入下一步的调试工作。

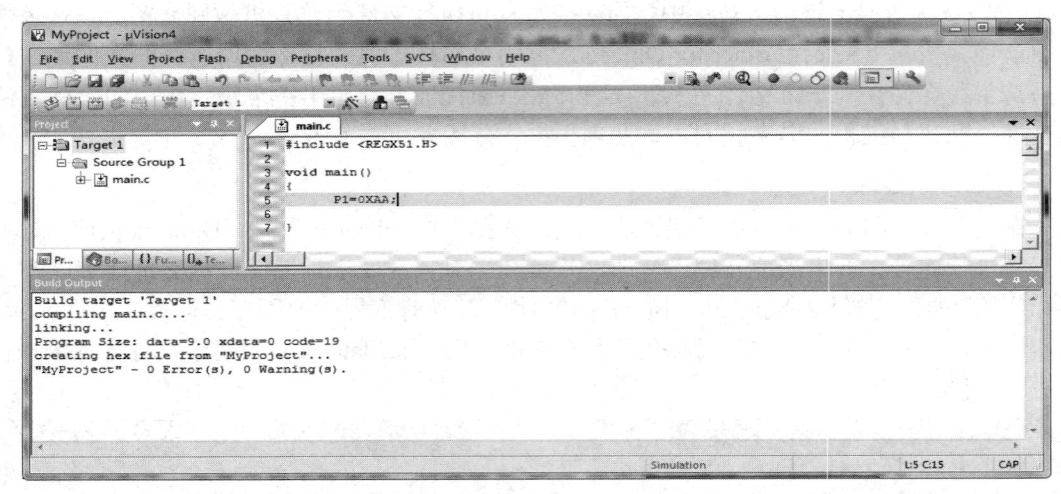

图 2.21　编译成功并生成 hex 文件后的软件界面

2.2　Proteus ISIS 的使用

2.2.1　工作界面

双击桌面上的“ISIS 7 Professional”图标，或通过“开始”菜单打开程序“Proteus 7 Professional”→“ISIS 7 Professional”，进入 Proteus ISIS 的工作界面。

Proteus ISIS 工作界面包括标题栏、菜单栏、标准工具栏、绘图工具栏、元件选择按钮、仿真工具栏、状态栏以及三个窗口(原理图预览窗口、对象选择窗口和原理图编辑窗口)，如图 2.22 所示。

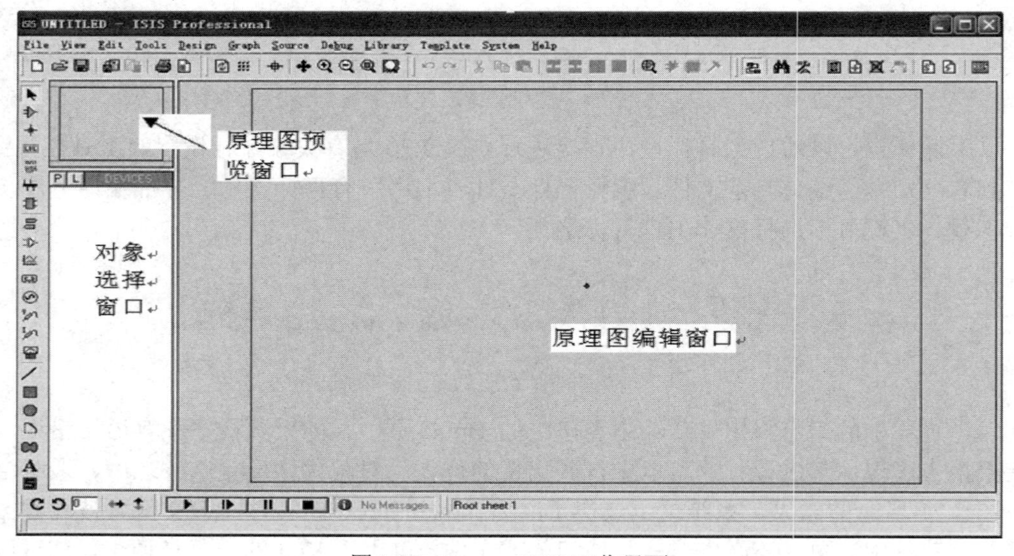

图 2.22　Proteus ISIS 工作界面

绘图工具栏为原理图的绘制提供了不同的操作工具，可实现不同的功能。对应的图标操作如下。

1. 主菜单与主工具栏

Proteus ISIS 提供的主菜单如图 2.23 所示。在图 2.23 所示的主菜单中，从左到右依次是 File(文件)、View(视图)、Edit(编辑)、Tools(工具)、Design(设计)、Graph(图形)、Source(源)、Debug(调试)、Library(库)、Template(模板)、System(系统)和 Help(帮助)。

File View Edit Tools Design Graph Source Debug Library Template System Help

图 2.23　Proteus ISIS 主菜单

Proteus ISIS 提供的主工具栏如图 2.24 所示。主工具栏由四部分组成：File Toolbar(文件工具栏)、View Toolbar(视图工具栏)、Edit Toolbar(编辑工具栏)和 Design Toolbar(调试工具栏)。

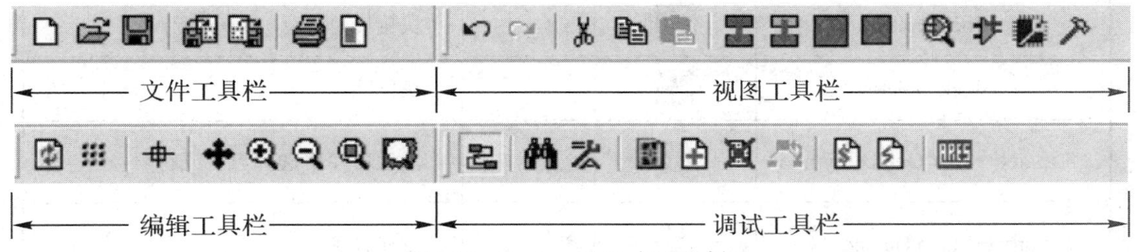

图 2.24　Proteus ISIS 主工具栏

主工具栏中的每一个按钮都对应一个具体的主菜单命令，表 2.6 列出了这些按钮和菜单命令的对应关系及其功能。

表 2.6　主工具栏中按钮和菜单命令的对应关系及其功能

菜单命令	工具按钮	快捷键	说　明
File→New Design			新建原理图设计
File→Load Design		Ctrl + O	打开一个已有的原理图设计
File→Save Design		Ctrl + S	保存当前的原理图设计
File→Import Section			导入部分文件
File→Export Section			导出部分文件
File→Print			打印文件
File→Set Area			设置输出区域
Edit→Undo Changes		Ctrl + Z	撤销前一修改
Edit→Redo Changes		Ctrl + Y	恢复前一修改

续表 1

菜单命令	工具按钮	快捷键	说　明
Edit→Cut to Clipboard			剪切到剪贴板
Edit→Copy to Clipboard			复制到剪贴板
Edit→Paste from Clipboard			粘贴
Block Copy			块复制
Block Move			块移动
Block Rotate			块旋转
Block Delete			块删除
Library→Pick Device/Symbol		P	从设备库中选择设备或符号
Library→Make Device			制作设备
Library→Packaging Tool			封装工具
Library→Decompose			释放元件
View→Redraw		R	刷新窗口
View→Grid		G	打开或关闭栅格
View→Origin		O	设置原点
View→Pan		F5	选择显示中心
View→Zoom In		F6	放大
View→Zoom Out		F7	缩小
View→Zoom All		F8	按照窗口大小显示全部
View→Zoom To Area			局部放大

续表 2

菜单命令	工具按钮	快捷键	说　明
Tools→Wire Auto Router		W	将所选文本复制到剪贴板
Tools→Search and Tag		T	粘贴剪贴板上的文本
Tools→Property Assignment		A	设置/取消当前行的书签
Design→Design Explorer		Alt + X	查看详细的元器件列表及网格表
Design→New Sheet			新建图纸
Design→Remove Sheet			移动或删除图纸
Design→Zoom to Child			转到子电路图
Tools→Bill of Materials			生成元器件列表
Tools→Electrical Rule Check			生成电气规则检查报告
Tools→Netlist to ARES		Alt + A	创建网络表

2. Mode 工具箱

Proteus ISIS 在工作界面的左侧还提供了一个非常实用的 Mode 工具箱，如图 2.25 所示。

图 2.25　Mode 工具箱

选择 Mode 工具箱中不同的图标按钮，系统将提供不同的操作工具，并在对象选择窗口中显示不同的内容。从左到右，Mode 工具箱中各图标按钮对应的操作如下。

(1) Selection Mode 按钮：对象选择。可以单击任意对象并编辑其属性。

(2) Component Mode 按钮：元器件选择。

(3) Junction Dot Mode 按钮：在原理图中添加连接点。

(4) Wire Label Mode 按钮：为连线添加网络标号(为线段命名)。

(5) Text Script Mode 按钮：在原理图中添加脚本。

(6) Buses Mode 按钮：在原理图中绘制总线。

(7) Subcircuit Mode 按钮：绘制子电路。

(8) Terminals Mode 按钮：在对象选择窗口列出各种终端(如输入、输出、电源和地等)供选择。

(9) Device Pins Mode 按钮：在对象选择窗口中列出各种引脚(如普通引脚、时钟引脚、反电压引脚和短接引脚等)供选择。

(10) Graph Mode 按钮：在对象选择窗口中列出各种仿真分析所需的图表(如模拟图表、数字图表、噪声图表、混合图表和 A/C 图表等)供选择。

(11) Tape Recorder Mode 按钮：录音机。当对设计电路进行分割仿真时采用此模式。

(12) Generator Mode 按钮：在对象选择窗口中列出各种激励源(如正弦激励源、脉冲激励源、指数激励源和 FILE 激励源等)供选择。

(13) Voltage Probe Mode 按钮：在原理图中添加电压探针。电路进入仿真模式时，可显示各探针处的电压值。

(14) Current Probe Mode 按钮：在原理图中添加电流探针。电路进入仿真模式时，可显示各探针处的电流值。

(15) Virtual Instruments Mode 按钮：在对象选择窗口中列出各种虚拟仪器(如示波器、逻辑分析仪、定时/计数器和模式发生器等)供选择。

(16) 2D Graphics Line Mode 按钮：直线按钮，用于创建元器件或表示图表时绘制线。

(17) 2D Graphics Box Mode 按钮：方框按钮，用于创建元器件或表示图表时绘制方框。

(18) 2D Graphics Circle Mode 按钮：圆按钮，用于创建元器件或表示图表时绘制圆。

(19) 2D Graphics Arc Mode 按钮：弧线按钮，用于创建元器件或表示图表时绘制弧线。

(20) 2D Graphics Path Mode 按钮：任意形状按钮，用于创建元器件或表示图表时绘制任意形状的图标。

(21) 2D Graphics Text Mode 按钮 **A**：文本编辑按钮，用于插入各种文字说明。

(22) 2D Graphics Symbols Mode 按钮：符号按钮，用于选择各种符号元器件。

(23) 2D Graphics Markers Mode 按钮：标记按钮，用于产生各种标记图标。

3. 方向工具栏

对于具有方向性的对象，Proteus ISIS 还提供了方向工具栏，如图 2.26 所示。从左到右，方向工具栏中各图标按钮对应的操作如下。

图 2.26　方向工具栏

(1) Rotate Clockwise 按钮：顺时针方向旋转按钮，以 90° 偏置改变元器件的放置方向。

(2) Rotate Anti-Clockwise 按钮：逆时针方向旋转按钮，以 −90° 偏置改变元器件的放置方向。

(3) 角度显示窗口：用于显示旋转/镜像的角度。

(4) X-Mirror 按钮：水平镜像翻转按钮，以 Y 轴为对称轴，按 180° 偏置旋转元器件。

(5) Y-Mirror 按钮：垂直镜像翻转按钮，以 X 轴为对称轴，按 180° 偏置旋转元器件。

4. 仿真运行工具栏

Proteus ISIS 还提供了如图 2.27 所示的仿真运行工具栏，从左到右分别是：Play 按钮(运行)，Step 按钮(单步运行)，Pause 按钮(暂停运行)，Stop 按钮(停止运行)。

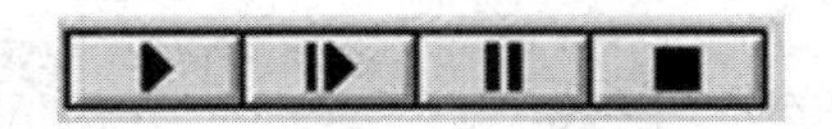

图 2.27　仿真运行工具栏

2.2.2　Proteus ISIS 工作环境设置

Proteus ISIS 的工作环境设置包括编辑环境设置和系统环境设置两个方面。编辑环境设置主要是指模板的选择、图纸的选择、图纸的设置和格点的设置。系统环境设置主要是指 BOM 格式的选择、仿真运行环境的选择、各种文件路径的选择、键盘快捷方式的设置等。

1. 模板设置

绘制电路原理图首先要选择模板，电路原理图的外观信息受模板的控制，如图形格式、文本格式、设计颜色、线条连接点大小和图形等。Proteus ISIS 提供了一些常用的原理图模板，用户也可以自定义原理图模板。

当执行菜单命令“File”→“New Design...”新建一个设计文件时，会打开如图 2.28 所示的对话框，从中可以选择合适的模板(通常选择 DEFAULT 模板)。

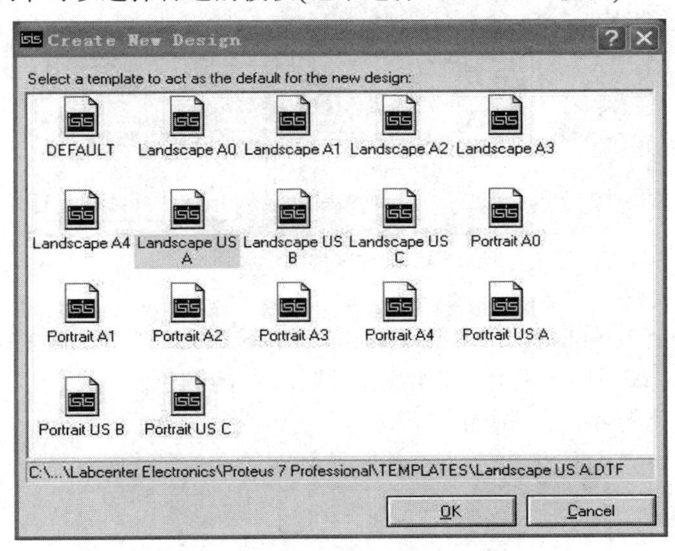

图 2.28　新建设计对话框

选择好原理图模板后，可以通过“Template”菜单的 6 个 Set 命令对其风格进行修改设置。

(1) 设置模板的默认选项。

执行菜单命令“Template”→“Set Design Defaults...”，打开如图 2.29 所示的对话框。通过该对话框，可以设置模板的纸张、格点等项目的颜色，设置电路仿真时正、负、地、逻辑高/低等项目的颜色，设置隐藏对象的显示与否及颜色，还可以设置编辑环境的默认字体等。

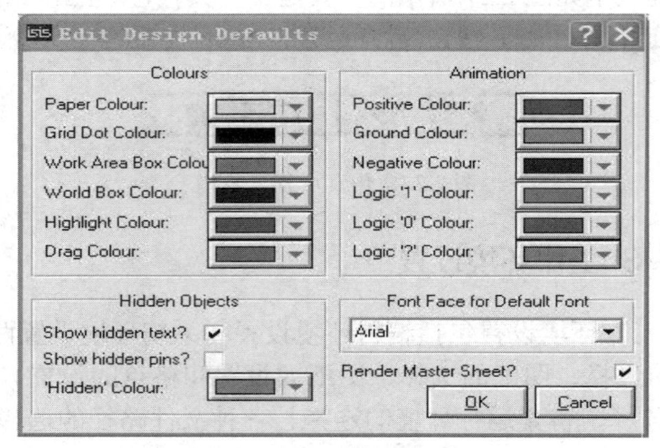

图 2.29　设置模板对话框

(2) 配置图形颜色。

执行菜单命令“Template”→“Set Graph Colours…”，打开如图 2.30 所示的对话框。通过该对话框，可以配置模板的图形轮廓线(Graph Outline)、底色(Background)、图形标题(Graph Title)、图形文本(Graph Text)等；同时也可以对模拟跟踪曲线(Analogue Traces)和不同类型的数字跟踪曲线(Digital Traces)进行设置。

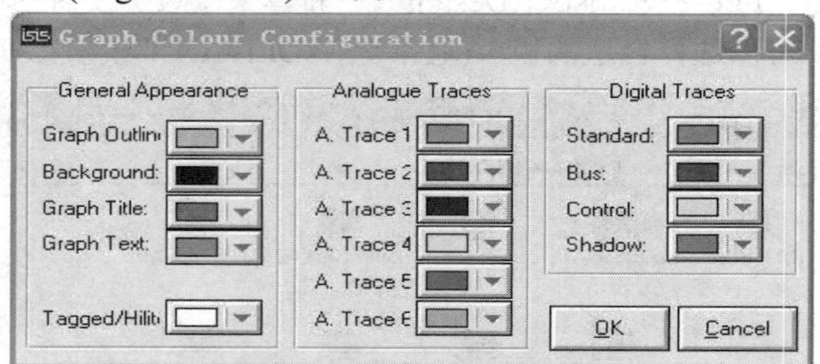

图 2.30　配置模板图形对话框

(3) 编辑图形风格。

执行菜单命令“Template”→“Set Graphics Styles…”，打开如图 2.31 所示的对话框。通过该对话框，可以编辑图形的风格，如线型、线宽、线的颜色及图形的填充色等。在“Style”下拉列表框中可以选择不同的系统图形风格。

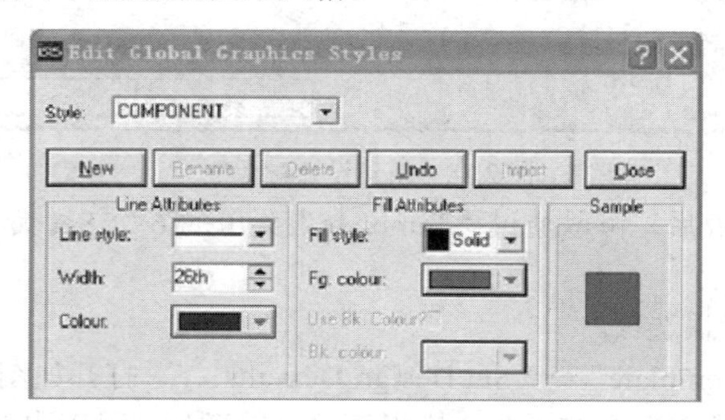

图 2.31　编辑图形界面

单击“New”按钮，将打开如图 2.32 所示的对话框。在“New style's name”文本框中输入新图形风格的名称，如“mystyle”，单击“OK”按钮确定，将打开如图 2.33 所示的对话框。在该对话框中，可以自定义图形的风格，如颜色、线型等。

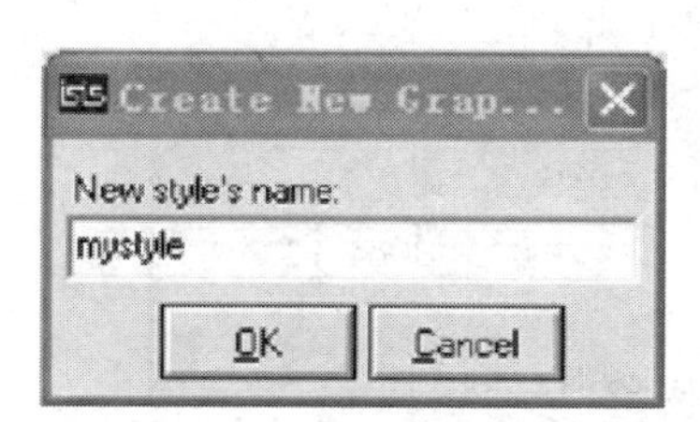

图 2.32　输入新图形风格界面

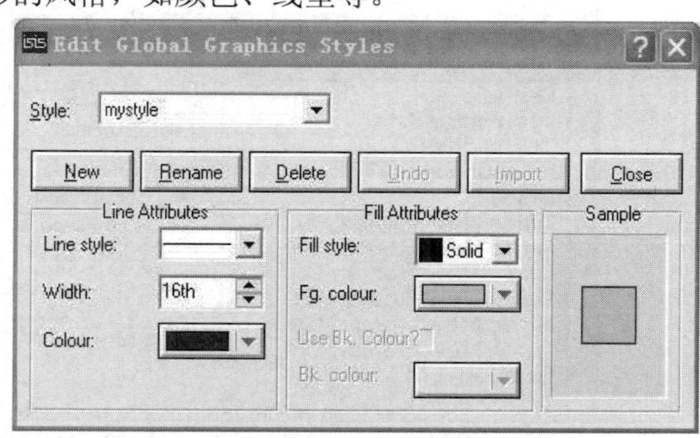

图 2.33　自定义图形的风格界面

(4) 设置全局字体风格。

执行菜单命令“Template”→“Set Text Styles…”，打开如图 2.34 所示的对话框。通过该对话框，可以在“Font face”下拉列表框中选择期望的字体，还可以设置字体的高度、颜色及是否加粗、倾斜、加下划线等。在“Sample”区域可以预览更改设置后字体的风格。同理，单击“New”按钮可以创建新的图形文本风格。

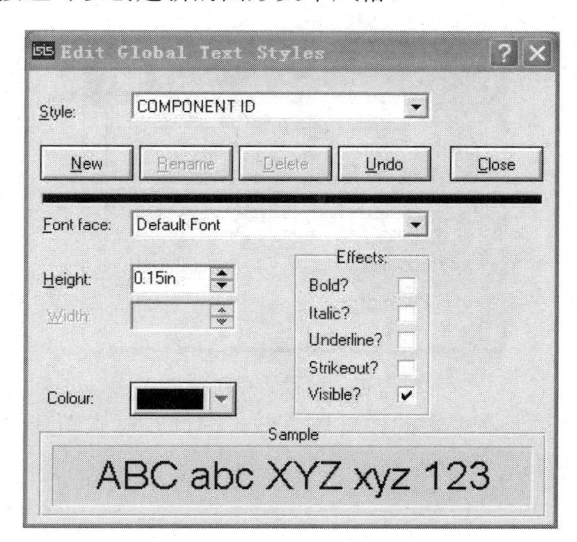

图 2.34　设置全局字体风格界面

(5) 设置图形字体格式。

执行菜单命令“Template”→“Set Graphics Text…”，打开如图 2.35 所示的对话框。在“Font face”列表框中可以选择图形文本的字体类型，在“Text Justification”选项区域可以选择字体在文本框中的水平位置、垂直位置，在“Effects”选项区域可以选择字体的效果，如加粗、倾斜、加下划线等，而在“Character Sizes”选项区域可以设置字体的高度和宽度。

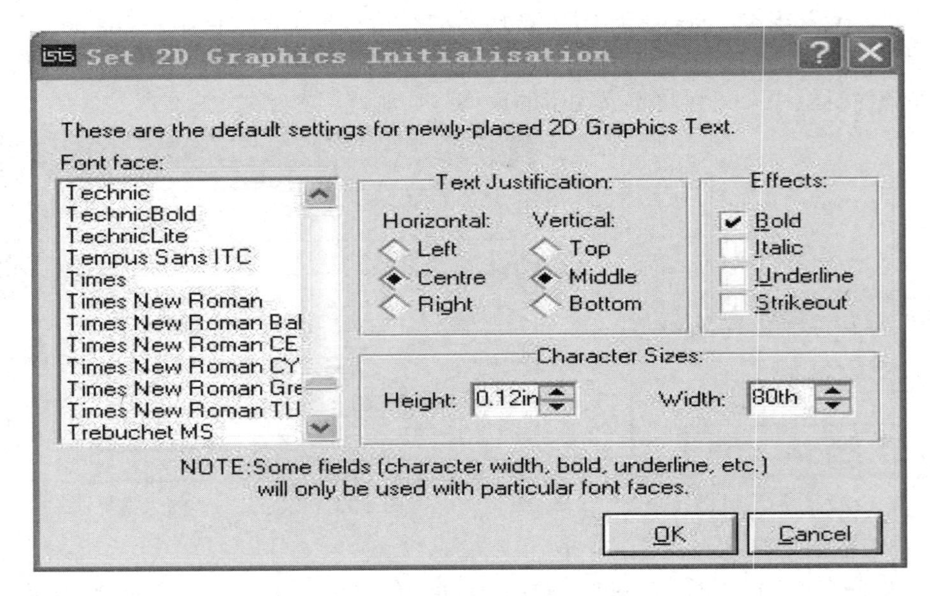

图 2.35　设置图形字体格式界面

(6) 设置交点。

执行菜单命令“Template”→“Set Junction Dots...”，打开如图2.36所示的对话框。通过该对话框，可以设置交点的大小、形状。

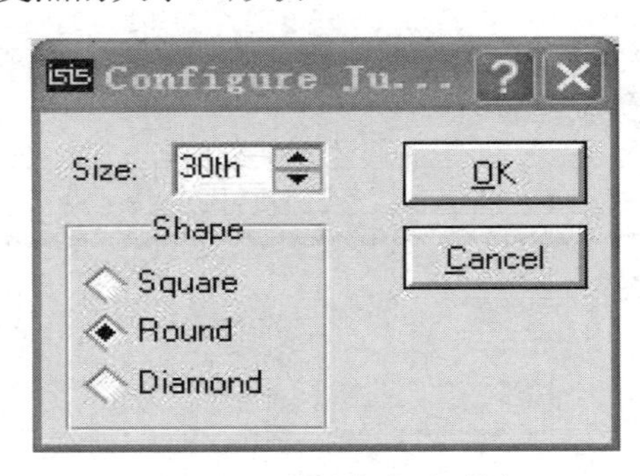

图 2.36　设置交点对话框

注意：上述设置只对当前编辑的原理图有效，因此，每次新建设计时都必须根据需要对所选择的模板进行设置。

2. 系统设置

通过 Proteus ISIS 的“System”菜单栏，可以对 Proteus ISIS 进行系统设置。

(1) 设置 BOM(Bill Of Materials)。

执行菜单命令“System”→“Set BOM Scripts...”，打开如图2.37所示的对话框。通过该对话框，可以设置BOM的输出格式。

BOM用于列出当前设计中所使用的所有元器件。Proteus ISIS可生成4种格式的BOM：HTML格式、ASCII格式、Compact CSV格式和Full CSV格式。在“Bill Of Materials Output Format”下拉列表框中，可以对它们进行选择。

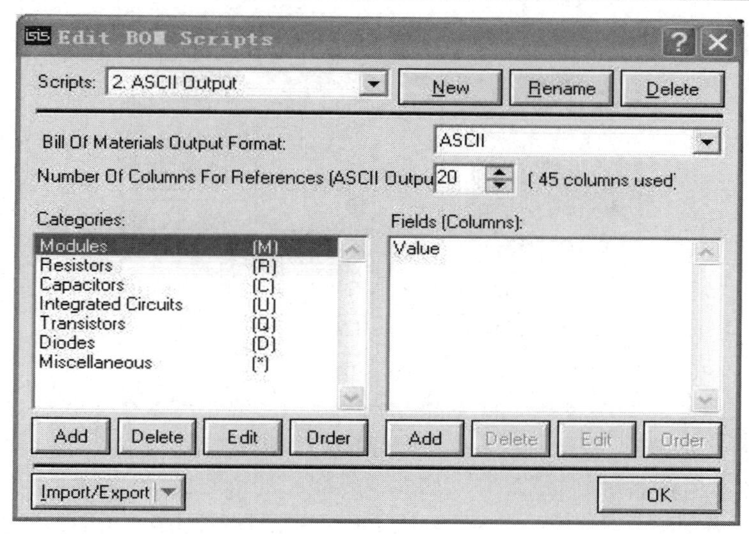

图 2.37　设置 BOM 对话框

另外，执行菜单命令“Tools”→“Bill of Materials”，也可以对 BOM 的输出格式进行快速选择。

(2) 设置系统环境。

执行菜单命令“System”→“Set Environment…”，打开如图 2.38 所示的对话框。通过该对话框，可以对系统环境进行设置。

① Autosave Time(minutes)：系统自动保存时间设置(单位为 min)。

② Number of Undo Levels：可撤销操作的层数设置。

③ Tooltip Delay(milliseconds)：工具提示延时(单位为 ms)。

④ Auto Synchronise/Save with ARES：是否自动同步/保存 ARES。

⑤ Save/load ISIS state in design files：是否在设计文档中加载/保存 ISIS 状态。

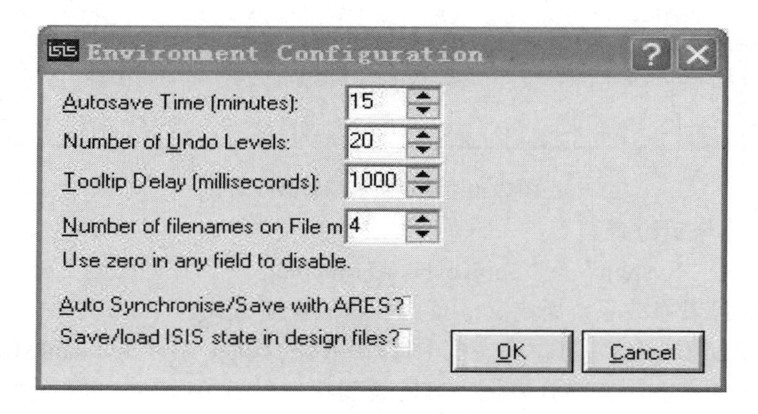

图 2.38　设置系统环境对话框

(3) 设置图纸尺寸。

执行菜单命令“System“→”Set Sheet Sizes…”，打开如图 2.39 所示的对话框。通过该对话框，可以选择 Proteus ISIS 提供的图纸尺寸 A4～A0；也可以选择“User”，自己定义图纸的大小。

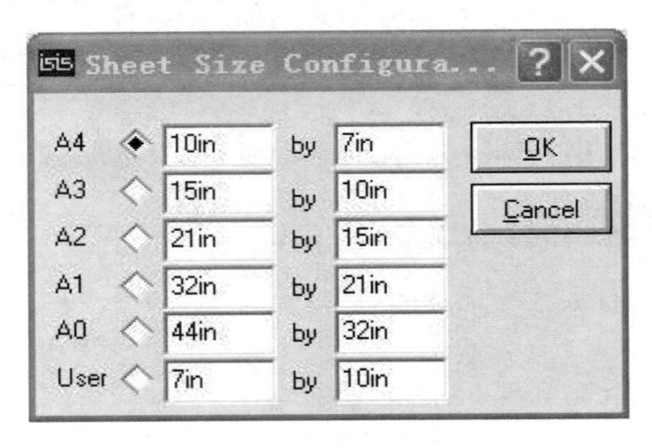

图 2.39　设置图纸尺寸界面

(4) 设置文本编辑器。

执行菜单命令“System”→“Set Text Editor...”，打开如图 2.40 所示的对话框。通过该对话框，可以对文本的字体、字形、大小、效果和颜色等进行设置。

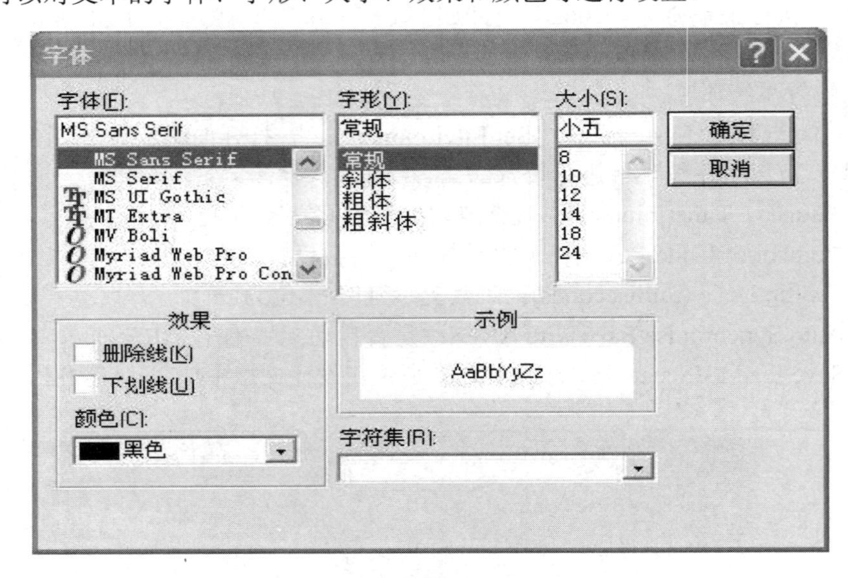

图 2.40　设置文本编辑器界面

(5) 设置键盘快捷方式。

执行菜单命令“System”→“Set Keyboard Mapping...”，打开如图 2.41 所示的对话框。通过该对话框，可以修改系统所定义的菜单命令的快捷方式。

在“Command Groups”下拉列表框中选择相应的选项；在“Available Commands”列表框中选择可用的命令，在该列表框下方的说明栏中显示了所选中命令的意义；在“Key sequence for selected command”文本框中显示了所选中命令的键盘快捷方式。使用“Assign”和“Unassign”按钮可编辑或删除系统设置的快捷方式。

“Options”下拉列表框中有 3 个选项，如图 2.42 所示。选择“Reset to default map” 选项可恢复系统的默认设置，选择“Export to file...”选项可将上述键盘快捷方式导出到文件中，选择“Import from file…”选项则为从文件导入键盘快捷方式。

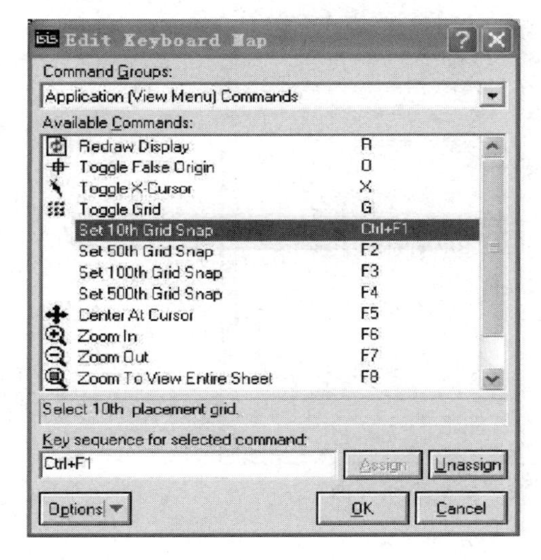

图 2.41　修改菜单命令的快捷方式界面

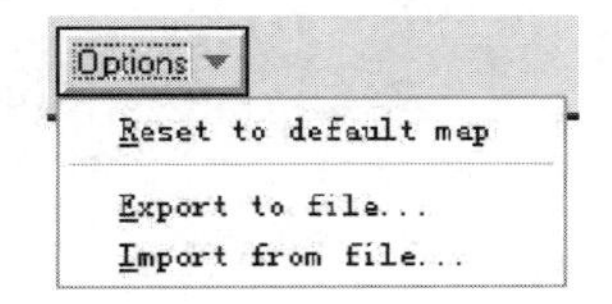

图 2.42　设置键盘快捷方式界面

(6) 设置仿真画面。

执行菜单命令“System”→“Set Animation Options…”，打开如图 2.43 所示的对话框。

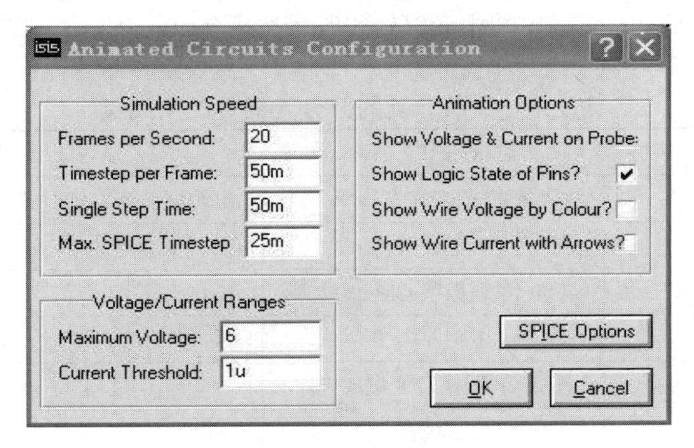

图 2.43　设置仿真画面对话框

通过该对话框，可以设置仿真速度(Simulation Speed)、电压/电流的范围(Voltage/Current Ranges)，同时还可以设置仿真电路的其他画面选项(Animation Options)。

① Show Voltage & Current on Probe：是否在探测点显示电压值与电流值。

② Show Logic State of Pins：是否显示引脚的逻辑状态。

③ Show Wire Voltage by Colour：是否用不同颜色表示线的电压。

④ Show Wire Current with Arrows：是否用箭头表示线的电流方向。

此外，单击“SPICE Options”按钮或执行菜单命令“System”→“Set Simulator Options…”，可打开如图 2.44 所示的对话框。通过该对话框，还可以选择不同的选项卡来进一步对仿真电路进行设置。

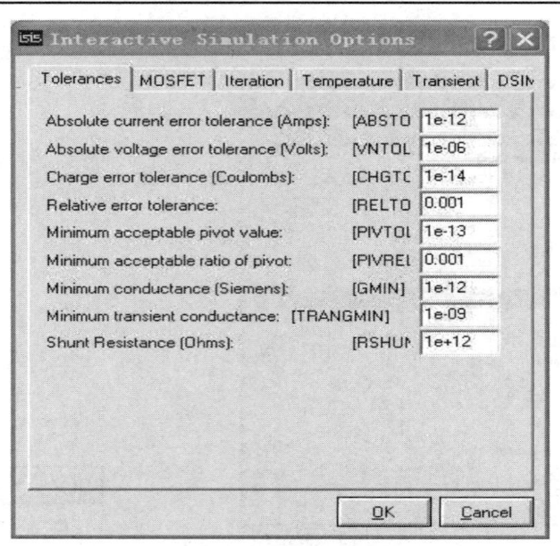

图 2.44　设置仿真电路界面

2.2.3　Proteus ISIS 元器件的放置

Proteus ISIS 的元器件库提供了大量元器件的原理图符号，在绘制原理图之前，必须知道每个元器件的所属类及所属子类，然后利用 Proteus ISIS 提供的搜索功能可以方便地查找到所需元器件。在 Proteus ISIS 中元器件的所属类共有 40 多种，表 2.7 给出了本书涉及的部分元器件的所属类。

表 2.7　本书涉及的部分元器件的所属类

所属类名称	对应的中文名称	说　明
Analog ICs	模拟电路集成芯片	电源调节器、定时器、运算放大器等
Capacitors	电容器	
CMOS 4000 series	4000 系列数字 CMOS 电路	
Connectors	排座、排插	
Data Converters	模/数、数/模转换集成电路	
Diodes	二极管	
Electromechanical	机电器件	风扇、各类电动机等
Inductors	电感器	
Memory ICs	存储器	
Microprocessor ICs	微处理器	51 系列单片机、ARM7 等
Miscellaneous	各种器件	电池、晶振、保险丝等
Optoelectronics	光电器件	LED、LCD、数码管、光电耦合器等
Resistors	电阻	
Speakers & Sounders	扬声器	
Switches & Relays	开关与继电器	键盘、开关、继电器等

续表

所属类名称	对应的中文名称	说　明
Switching Devices	晶闸管	单向、双向可控硅元件等
Transducers	传感器	压力传感器、温度传感器等
Transistors	晶体管	三极管、场效应管等
TTL 74 series	74 系列数字电路	
TTL 74LS series	74 系列低功耗数字电路	

单击对象选择窗口左上角的按钮 P 或执行菜单命令“Library”→“Pick Device/Symbol…”，都会打开“Pick Devices”对话框，如图 2.45 所示。从结构上看，该对话框共分成 3 列，左侧为查找条件，中间为查找结果，右侧为原理图、PCB 图预览。

(1) Keywords 文本输入框：可以输入待查找的元器件的全称或关键字，其下面的“Match Whole Words”选项表示是否全字匹配。在不知道待查找元器件的所属类时，可以采用此法进行搜索。

(2) Category 窗口：给出了 Proteus ISIS 中元器件的所属类。

(3) Sub-category 窗口：给出了 Proteus ISIS 中元器件的所属子类。

(4) Manufacturer 窗口：给出了元器件的生产厂家分类。

(5) Results 窗口：给出了符合要求的元器件的名称、所属库以及描述。

(6) PCB Preview 窗口：给出了所选元器件的电路原理图预览、PCB 预览及其封装类型。

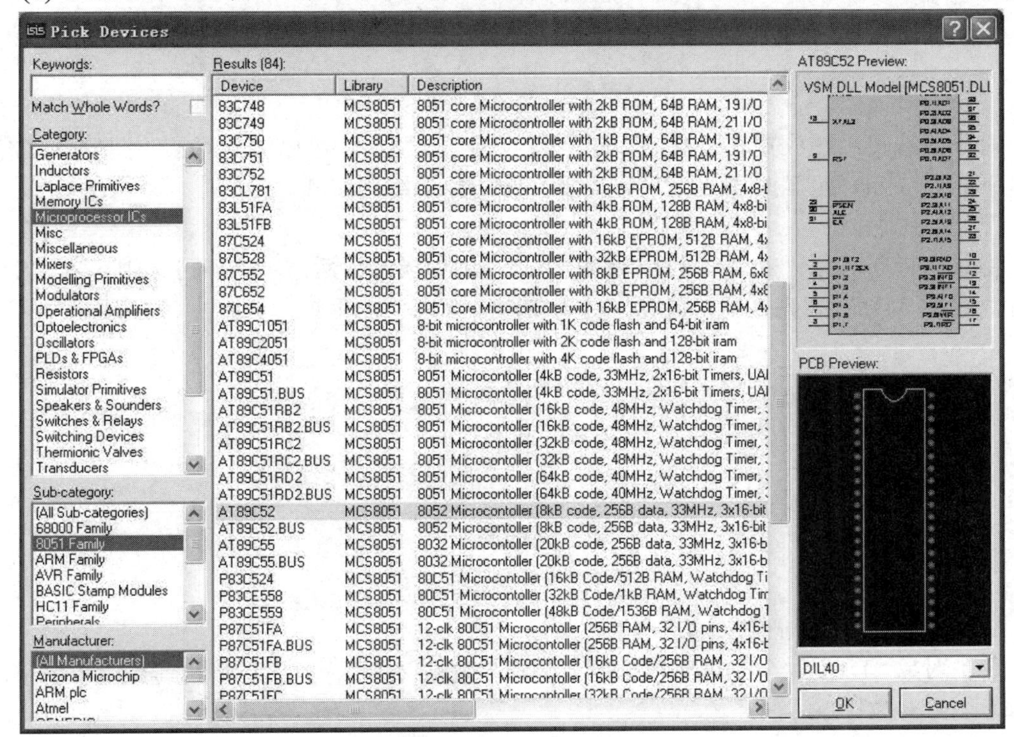

图 2.45　Pick Devices 对话框

在图 2.45 所示的 Pick Devices 对话框中，按要求选好元器件(如 AT89C52)后，所选元器件的名称就会出现在对象选择窗口中，如图 2.46 所示。在对象选择窗口中单击“AT89C52”后，AT89C52 的电路原理图就会出现在预览窗口中，如图 2.47 所示。此时还可以通过方向工具栏中的旋转、镜像按钮改变原理图的方向。然后将鼠标指向编辑窗口的合适位置(鼠标指针变为笔形)单击，就会看到 AT89C52 的电路原理图被放置到编辑窗口中。

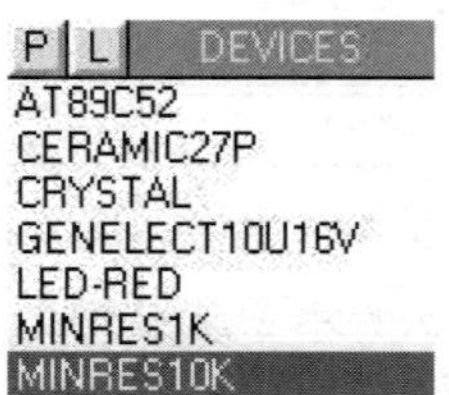

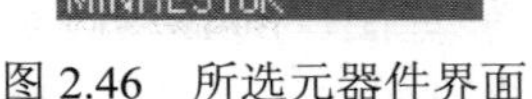

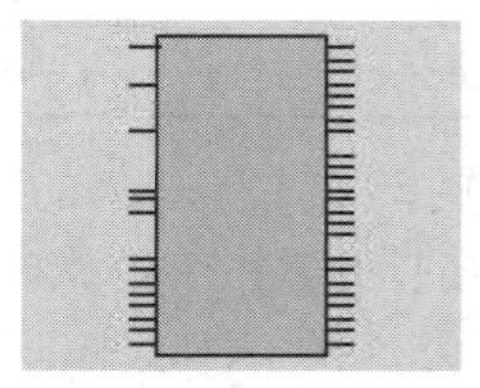

图 2.46　所选元器件界面　　图 2.47　AT89C52 电路原理图预览窗口

终端的选择与放置：单击 “Mode”工具箱中的终端按钮，Proteus ISIS 会在对象选择窗口中给出所有可供选择的终端类型，如图 2.48 所示。其中，DEFAULT 为默认终端，INPUT 为输入终端，OUTPUT 为输出终端，BIDIR 为双向(或输入/输出)终端，POWER 为电源终端，GROUND 为地终端，BUS 为总线终端。

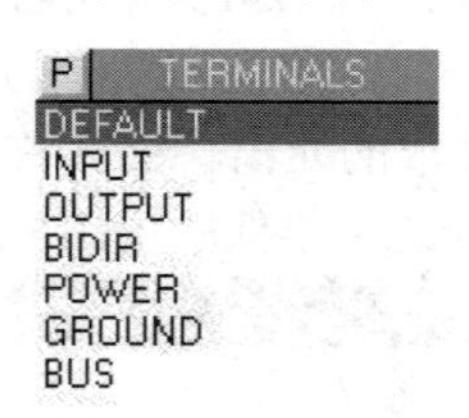

图 2.48　终端对象选择窗口

对象的编辑：在放置好绘制原理图所需的所有对象后，可以编辑对象的图形或文本属性。下面以 LED 元器件 D1 为例，简要介绍对象的编辑步骤。

(1) 选中对象。

将鼠标指向对象“D1”，鼠标指针由空心箭头变成手形后，单击即可选中对象“D1”。此时，对象“D1”高亮显示，鼠标指针为带有十字箭头的手形，如图 2.49 所示。

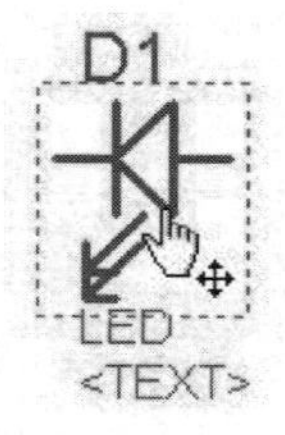

图 2.49　选中对象界面

(2) 移动、编辑、删除对象。

选中对象“D1”后，右击，弹出快捷菜单，如图 2.50 所示。通过该快捷菜单可以移动、编辑、删除对象“D1”。

图 2.50　快捷菜单界面

① Drag Object：移动对象。选择该选项后，对象 D1 会随着鼠标一起移动，确定位置后，单击即可停止移动。

② Edit Properties：编辑对象。选择该选项后，打开 Edit Component 对话框，如图 2.51 所示。在选中对象“D1”后，单击也会弹出这个对话框。

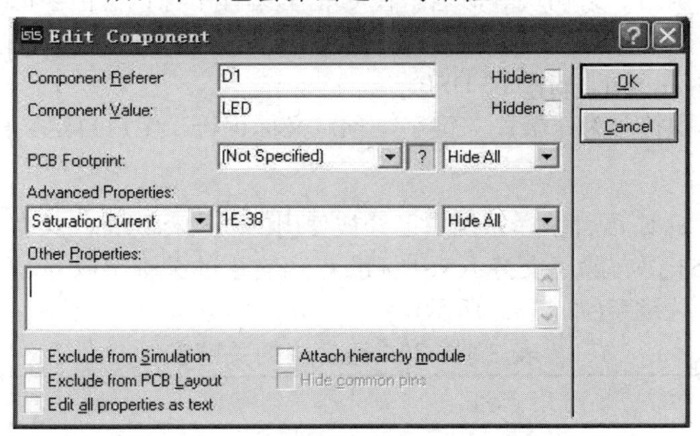

图 2.51　对象编辑界面

Component Referer 文本框：显示默认的元器件在原理图中的参考标识，该标识是可以修改的。

Component Value 文本框：显示默认元器件在原理图中的参考值，该值是可以修改的。

Hidden 选择框：是否在原理图中显示对象的参考标识、参考值。

Other Properties 文本框：用于输入所选对象的其他属性。输入的内容将在图 2.49 中的<TEXT>位置显示。

③ Delete Object：删除对象。

在图 2.50 所示的快捷菜单中，还可以改变对象“D1”的放置方向。其中，Rotate Clockwise 表示顺时针旋转 90°；Rotate Anti-Clockwise 表示逆时针旋转 90°；Rotate 180 degrees 表示旋转 180°；X-Mirror 表示 X 轴镜像；Y-Mirror 表示 Y 轴镜像。

第3章　单片机C语言基础

计算机语言是人与计算机交流的工具，其中的高级语言具有语言简洁、结构清晰、语法简练、功能强大、可移植性好、表达和运算能力强等优点，其应用面很广。本章对单片机的C语言作简单介绍，主要讨论单片机C语言中常用的基础知识，如C51语言基础、运算符和表达式、分支语句、循环语句、函数等。

3.1　C 语 言 基 础

3.1.1　标识符

在计算机编程语言中，标识符是最基本的概念，简单地说，标识符就是一个名字，用于给变量、常量、函数、语句块等命名。在C语言编程中标识符由字母(A～Z，a～z)、数字(0～9)、下划线“_”组成，并且首字符不能是数字，但可以是字母或者下划线。例如正确的标识符：abcd，num1，prj_ts，DSP。

C语言中把标识符分为三类：关键字，预定义标识符，用户自定义标识符。

1. 关键字

关键字是单片机C语言编译系统中已经被使用的一批标识符，具有固定的代表意义，不能另作他用。C51语言除了支持ANSI标准C语言中的关键字以外，还根据单片机的结构特点扩展了部分关键字(如表3.1所示)。

表3.1　C51语言中的关键字

关键字	用　途	说　　明
auto	存储种类说明	用以说明局部变量，缺省值为此
break	程序语句	退出当前所在循环体
case	程序语句	switch语句中的选择项
char	数据类型说明	单字节整型数或字符型数据
const	存储类型说明	在程序执行过程中不可更改的常量值
continue	程序语句	转向下一次循环
default	程序语句	switch语句中的失败选择项
do	程序语句	构成do-while循环结构
double	数据类型说明	双精度浮点数
else	程序语句	构成if-else选择结构
enum	数据类型说明	枚举

续表

关键字	用　途	说　　明
extern	存储种类说明	在其他程序模块中说明了的全局变量
float	数据类型说明	单精度浮点数
for	程序语句	构成 for 循环结构
goto	程序语句	构成 goto 转移结构
if	程序语句	构成 if-else 选择结构
int	数据类型说明	基本整型数
long	数据类型说明	长整型数
register	存储种类说明	使用 CPU 内部寄存器的变量
return	程序语句	函数返回
short	数据类型说明	短整型数
signed	数据类型说明	有符号数，二进制数据的最高位为符号位
sizeof	运算符	计算表达式或数据类型的字节数
static	存储种类说明	静态变量
struct	数据类型说明	结构类型数据
switch	程序语句	构成 switch 选择结构
typedef	数据类型说明	重新进行数据类型定义
union	数据类型说明	联合类型数据
unsigned	数据类型说明	无符号数据
void	数据类型说明	无类型数据
volatile	数据类型说明	该变量在程序执行中可被隐含地改变
while	程序语句	构成 while 和 do-while 循环结构
bit	位标量声明	声明一个位标量或位类型的函数
sbit	位变量声明	声明一个可位寻址变量
sfr	特殊功能寄存器声明	声明一个特殊功能寄存器(8 位)
sfr16	特殊功能寄存器声明	声明一个 16 位的特殊功能寄存器
data	存储器类型说明	直接寻址的 8051 内部数据存储器
bdata	存储器类型说明	可位寻址的 8051 内部数据存储器
idata	存储器类型说明	间接寻址的 8051 内部数据存储器
pdata	存储器类型说明	“分页”寻址的 8051 外部数据存储器
xdata	存储器类型说明	8051 外部数据存储器
code	存储器类型说明	8051 程序存储器
interrupt	中断函数声明	定义一个中断函数
reetrant	再入函数声明	定义一个再入函数
using	寄存器组定义	定义 8051 的工作寄存器组

2. 预定义标识符

预定义标识符是指 C51 语言提供的系统函数的名字(printf、scanf)和预编译处理命令(define、include)。所有的预处理命令均以#号开头。

例如：

```
#define   N   10   //宏定义用字符 N 来代替数字 10，注意后面不需要加分号
```

3. 用户自定义标识符

用户在给变量、函数、数组和文件等命名时，使用的标识符为自定义标识符(或用户标识符)。使用自定义标识符时需要注意以下几点：

(1) C 语言关键字不能作为用户标识符，例如 if、for、while、int 等。

(2) 标识符长度是由具体机器上的编译系统决定的，C51 编译器规定标识符最长可达 255 个字符，但只有前面 32 个字符在编译时有效，因此在编写源程序时标识符的长度不要超过 32 个字符，这对于一般应用程序来说已经足够了。如果要定义一个名为“显示”的标识符，可以用“dis”或者“DIS”表示。

(3) 标识符对大小写敏感，即应严格区分大小写。例如，“ABC”与“abc”是两个不一样的标识符。

(4) 标识符命名应做到“见名知意”，例如长度(length)、求和、总计(sum)、圆周率(pi)等。

3.1.2　常量与变量

1. 常量

在程序运行过程中其值始终不变的量称为常量，常量可以分为整数常量、实型常量、字符型常量。

(1) 整数常量是指直接使用的整型常数，又称整型常数或者整数，例如 1、-9 等。整数常量可以是长整型、短整型、符号整型和无符号整型。C51 中常用的有十进制数及十六进制数。

十进制数：使用十进制数时不需要在其面前加前缀，十进制数中包含的数字由 0～9 组成，如 45、-5 等。

十六进制数：常量前面使用数字 0 和字母 X(或 x)作为前缀，表示该常量是用十六进制表示。十六进制中所包含的数字可由 0～9 以及字母 A～F 组成(十六进制数中的字母可以使用 A～F 大写形式，也可以使用 a～f 小写形式，如 0x3a、0XAF 等)。

(2) 实型常量又称实数，由整数和小数两部分组成，两者之间用十进制的小数点隔开。表示实数的方式有科学计数和指数两种。

科学计数方式：使用十进制的小数方法来描述实型，如 0.45、99.123。

指数方式：若实数非常大或非常小，使用科学计数方式则不利于观察，此时可以使用指数方式显示实型变量。使用字母 e 或者 E 进行指数显示，如 23e2 表示 23×10^2，而 23e-2 表示的是 0.23。

(3) 字符型常量。字符型常量可以分为字符常量和字符串常量。

字符常量是使用单撇号括起一个字符。字符常量分为一般字符常量(例如'a'、'3'、'#')和转义字符常量(C 语言中表示字符的一种特殊形式，其含义是将反斜杠后面的字符转换成

另外的意义，如 '\n' 表示回车换行)。

注意：字符常量 '0' 的 ASCII 值是 48，大写字母 'A' 的 ASCII 值是 65，小写字母 'a' 的 ASCII 值是 97。

字符串常量是用一对双撇号括起来的字符序列。例如："How do you do"、"a"。C 语言规定在每一个字符串常量的结尾加一个“字符串结束标志”，以便系统据此判断字符串是否结束。C 语言规定以字符 '\0' 作为字符串结束标志。'\0' 是一个 ASCII 码为 0 的字符，是一个空操作字符，也是一个不可显示的字符，称为空字符。因此，字符串 "How do you do" 总共有 14 个字符，分别是：'H'、'o'、'w'、空格、'd'、'o'、空格、'y'、'o'、'u'、空格、'd'、'o'、'\0'。

注意：在写字符串的时候不用自己加上 '\0'，'\0' 字符是系统自动加上的。字符串"a"实际上包含了 2 个字符：'a' 和 '\0'。

2. 变量

变量是一段特定的计算机内存，由一个或者多个连续的字节构成。每一个变量有一个名字，可以用变量名引用这段内存，读取变量里面的数据，或者往变量里面写入一个数据。变量在程序运行过程中其值是可以改变的。

(1) 变量的三个要素包括变量名、变量的地址、变量的类型。

变量名：即变量的名字。使用变量名需要注意以下几点：必须以字母或者是下划线“_”开头，变量名字只能包含字母、数字和下划线；C 语言中变量名字是区分大小写的；变量名不能与关键字同名；在相同的作用范围里面不能有两个相同的名字。

变量的地址：即变量在计算机中的物理地址，通常在变量名字前面加“&”符号表示取变量的地址，如&a 表示取变量 a 的地址。

变量的类型：表明变量的数据类型。每一种类型都用于存储一种特定的数据。如“int a; ”表明变量 a 是整型的数据类型，所以变量 a 只能存储整型的数据。

(2) 变量的定义与初始化。

变量在使用前应先定义。变量的定义格式为“数据类型 变量名表”。

其中，数据类型必须是 C 语言关键字中规定的有效数据类型，如 int、float、char 等；变量名表可由一个或者多个变量名组成，当有多个变量名组成时，每个变量名之间使用逗号隔开，最后语句以分号结束。

定义变量的同时，系统根据变量的数据类型为变量分配存储的空间，该空间中的值有可能是 0，也可能是一个随机数，因此在定义了变量后，应给变量初始化，即给变量指定一个确定的初始值。通常给变量初始化为 0。初始化的方法有以下两种：

方法一：先定义再赋值

```
int a, b;
a = 100;
b = 50;
```

方法二：定义的同时初始化

```
int a = 100, b = 50;
```

注意：变量的定义也称变量的声明，C 语言中没有字符串型变量，变量的定义要集中放在函数的开始，不要将定义语句与执行语句混放。

如下面错误例子：

```
void main()
{
    int a;
    a = 10;
    int b;
    b = 20;
    int s;
    s = a+b;
}
```

(3) 变量的分类。

变量的作用域是指变量的使用范围，即变量在程序的哪些部分是可用的。从变量作用域的角度，变量可分为局部变量与全局变量。

局部变量是在函数或者复合语句内部定义的变量，局部变量只在本函数或者复合语句里面有效。

全局变量是在函数体外面定义的变量。全局变量从定义行开始到整个程序的结束都有效。

注意： 如果全局变量的作用域与同名局部变量的作用域重叠，那么在重叠的范围内，该全局变量无效。

3.1.3 数据类型

数据类型是指变量在内存中的存储方式，即存储变量所需的字节数以及变量的取值范围。不同的编译环境下数据类型的字节数不一样，C51 语言中的基本数据类型见表 3.2。

表 3.2　C51 语言中的基本数据类型

数据类型	占用的字节数	取 值 范 围
unsigned char	单字节	0～255
char	单字节	-128～+127
unsigned int	双字节	0～65 535
int	双字节	-32 768～+32 767
unsigned long	四字节	0～4 294 967 295
long	四字节	-2 147 483 648～+212 147 483 647
float	四字节	±1.175 494E-38～±3.402 823E+38
bit	1 位	0 或 1
sbit	1 位	0 或 1
sfr	单字节	0～255
sfr16	双字节	0～65 535

1. 数据类型转换

当在一个表达式中出现不同数据类型的变量时，必须进行数据类型转换。C51 语言中数据类型的转换有两种方式：自动类型转换和强制类型转换。

(1) 自动类型转换。

不同数据类型的变量在运算时，由编译系统自动将它们转换成同一数据类型，再进行运算。

自动转换规则如下：

bit→char→int→long→float

signed→unsigned

即参加运算的各个变量都会转换为它们之中数据最长的数据类型。当赋值运算符左右两侧类型不一致时，编译系统会按上述规则，自动把右侧表达式的类型转换成左侧变量的类型，再赋值。

例如：

```
int s;
char b = 10;
float a = 5.5;
s = a+b;
```

即运算上述 a+b 时，先将 b 的数据类型转换为 float，a+b 等于 15.5，然后将 15.5 赋值给整型的变量 s，赋值的时候，会先将 15.5 转换为整型，即得到 15，最终 s 得到的值为 15。

(2) 强制类型转换。

根据程序设计的需要，可以进行强制类型转换。强制类型转换是利用强制类型转换符将一个表达式强制转换成所需要的类型。其格式如下：

(数据类型) 表达式

例如：

```
float a = 7.5;
(int)a;
```

其中(int)a 的值为 7。注意：a 的值还是 7.5，强制类型转换不会改变变量本身的数据类型和值。

2. C51 中常用的新增数据类型

C51 中常用的新增数据类型有 bit 和 sbit。

(1) bit 位标量。

bit 位标量是 C51 编译器的一种扩充数据类型，利用它可定义一个位标量，但不能定义位指针，也不能定义位数组。它的值是一个二进制位，不是 0 就是 1。bit 和 int、char 等的使用方法差不多，只不过 char 是 8 位二进制数据，bit 是 1 位二进制数而已，都是变量。如：

```
bit a = 1;
```

定义了一个位变量 a 并赋值 1，此变量 a 的值只能为 1 或者是 0。

(2) sbit 特殊功能寄存器位定义。

sbit 用于定义特殊功能寄存器的某一位，利用它可以访问芯片内部 RAM 中的可寻址位或特殊功能寄存器中的可寻址位。在单片机中，常用 sbit 定义单片机某一个引脚。

如：

```
sbit P1_1 = P1^1;          //P1_1 为 P1 中的 P1.1 引脚
```

相当于为 P1^1 引脚另外取了一个名字 P1_1，这样在以后的程序中就可以用 P1_1 来对 P1.1 引脚进行读写操作了。

3.2　运算符与表达式

在 C51 语言中，对常量或者是变量的处理是通过运算符来实现的，表达式则是由运算符和运算对象组成的，表达式是语句的一个重要的组成因素。C51 语言提供的运算符很多，构成表达式的种类也很多，表 3.3 中列出了部分常用运算符的优先级别与结合性。

表 3.3　运算符的优先级别与结合性

优先级别	运算符	功　能	结合性
1	() []	圆括号、函数参数表 数组元素下标	从左至右
2	! ~ ++、-- + - * & (类型名) sizeof	逻辑非 按位取反 自增 1、自减 1 求正 求负 间接运算符 求地址运算符 强制类型转换 求所占字节数	从右至左
3	*、/、%	乘、除、整数求余	从左至右
4	+、-	加、减	
5	<<、>>	向左移位、向右移位	
6	<、<=、>、>=	小于、小于等于、大于、大于等于	
7	==、!=	恒等于、不等于	
8	&	按位与	
9	^	按位异或	
10	|	按位或	
11	&&	逻辑与	
12	||	逻辑或	

续表

优先级别	运算符	功　　能	结合性
13	?　:	条件运算	从右至左
14	= 、 +=、-=、*=、/=、 %=、&=、|=	简单赋值 复合赋值	
15	,	逗号运算符	从左至右

运算符类型中的“目”是指运算的对象。当运算的对象只有一个时，称为单目运算符；当运算的对象有两个时，称为双目运算符；当运算的对象有三个时，称为三目运算符。如乘(*)、加号(+)等属于双目运算符。

当一个表达式中出现了多个不同的运算符或者相同的运算符时，运算的先后顺序取决于运算符的优先级，对于级别相同的运算符，按照运算符的结合性确定运算顺序。

(1) 优先级：运算符的优先级共有15个级别，见表3.3。

当运算符级别不一样时，优先级别高的运算符先运算，级别1为最高。

当运算符级别一样时，按照运算符的结合性决定运算的先后。

(2) 结合性：分为从左至右、从右至左两种。

3.2.1　算术运算

算术运算符共有8个，分别是：+、-、*、/、%、++、--、- (取负数)。其中前5个是双目算术运算符，后3个是单目算术运算符。

1. 双目算术运算符(+、–、*、/、%)

在使用 *、/、% 的时候需要注意以下几点。

(1) 在乘法运算的时候“ * ”不能省，也不能写成“ · ”和“×”。

(2) 除法运算符号为“ / ”，不能写成“ \ ”。当运算对象都为整数时，运算结果也为整数；当运算对象中有一个是小数时，运算结果也为小数。

(3) 求余运算符“%”的操作数必须为整型或者字符型数据。求余运算符的结果符号与被除数相同。

例如：

```
7%5        //结果为2
(-7)%5     //结果为–2
7%(-5)     //结果为2
```

2. 单目算术运算符(++、--)

单目算术运算符“++”“--”分别为自加一和自减一运算符，“-”为取负运算符。

++、-- 运算的对象可以是整型、实型变量，不能是常量或者是表达式。

++、-- 可用作前缀运算符，也可用作后缀运算符。运算符放于操作数前面表示先自加一或自减一后引用，运算符放于操作数后面表示先引用后自加一或自减一。

例如：

```
if(i++){a=-a; }     //后缀，先判断 i 的值为真还是为假，后将 i 的值自加 1。
if(++i){a=-a; }     //前缀，先将 i 的值自加 1，后判断 i 的值为真还是为假。
```

建议：不要在一个表达式中对同一个变量进行多次自加一或自减一运算，以免出错。

例如：

```
(++i) ∗ ( i++)×(--i) ∗ ( i--)
```

这种表达式可读性差，容易出错，且在不同的编译环境下运算的结果也有可能不一样，所以不建议使用这种编程格式的书写。

3.2.2 赋值语句

赋值运算符有两种：赋值运算符(=)和复合赋值运算符(+=、-=、∗=、/=、%=、<<=、>>=、&=、^=、|=)。其结合性都是从右至左。

1. 赋值运算符

在 C51 语言中，符号“=”称为赋值运算符。该运算符的功能是将“=”右边表达式的值赋值给左边的变量，其一般形式为：

变量 = 表达式

例如：

```
a = 5;     //将 5 赋值给变量 a
a = b+c;      //将 b 加 c 的结果赋值给变量 a
```

使用赋值运算符时应注意以下几点：

(1) “=”左边只能是一个变量，不能是常量和表达式。

例如：

```
5=a        //错误
a+b=c     //错误
```

(2) 赋值表达式的值等于“=”左边变量的值。

例如：

```
a=b=6+1;     //等同于 a=(b=(6+1))，表达式 b=(6+1)的值等于 b 的值，
             //也就是 7，所以 a 的值也等于 7
```

2. 复合赋值运算符

其他运算符如 +、- ∗ 、/ 、%、&、|、^ 等和赋值运算符“=”结合起来，可形成复合赋值运算符。如 +=、-=、∗=、/=、%=、<<=、>>= 、&= 、^=、|= 等，注意，两个符号之间不允许有空格。

复合赋值运算符的作用是先将复合运算符右边表达式的结果与左边的变量进行运算，然后再将最终结果赋予左边的变量。

例如：

```
a += 3+1;      //等价于  a = a+(3+1)
a -= 3+1;      //等价于  a = a-(3+1)
a *= 3+1;      //等价于  a = a*(3+1)
a %= 3+1;     //等价于  a = a%(3+1)
```

需注意以下几点：

(1) 复合赋值运算符的左边必须是变量。

(2) 复合赋值运算符右边的表达式计算完成后才参与复合赋值运算。

(3) 复合赋值运算的优先级符合 C 语言运算符的优先级表，结合方向为从右到左。

3. 赋值中的数据类型转换

如果赋值号两边的数据类型不一样，系统会自动将等号后边表达式的值的类型转换为左边变量的类型，然后再赋值。

例如：

```
int a;
float b = 5.5;
a = b; //a 是一个整型变量，系统会自动将 5.5 的小数部分去掉，再赋值给 a，a 得到 5
```

3.2.3　关系运算符与逻辑运算符

关系运算符是判断两个运算对象的关系是否成立，成立就为真，不成立就为假。

逻辑运算符是判断两个运算对象的逻辑是对的还是错的，对的就为真，错的就为假。

在 C51 中规定，逻辑为真，值就为 1；逻辑为假，值就为 0。若表达式的值为零，则表达式为假；若表达式的值为非零，则表达式为真。

1. 关系运算符

关系运算符有 6 种，分别为小于(<)、小于等于(<=)、大于(>)、大于等于(>=)、等于(==)、不等于(!=)。

注意：由两个符号连接起来构成的运算符，两个符号之间不能有空格。

用关系运算符连接起来的两个表达式称为关系表达式，其一般的形式为：

表达式 1　关系运算符　表达式 2

如：若 a = 1，b = 2，c = 2，则

```
a > b        //关系不成立，故为假，a > b 的值等于 0
b <= c       //关系成立，故为真，b <= c 的值等于 1
b != c       //关系不成立，故为假，b != c 的值等于 0
```

2. 逻辑运算符

逻辑运算符有 3 个，分别是逻辑与(&&)、逻辑或(||)、逻辑非(!)。

用逻辑运算符连接的表达式称为逻辑表达式。逻辑表达式的结果只有真或者假，真就等于 1，假就等于 0。

&&、|| 都是先计算左边表达式的值，当左边表达式的值能确定整个表达式的值时，就不再计算右边表达式的值。

如：

```
a = 0 && b;    //  &&运算符的左边为 0，则右边表达式 b 就不再判断。
a = 1 || b;    //  ||运算符的左边为 1，则右边表达式 b 就不再判断。
```

注意：数学中的表达式 a≥x≥b，用 C51 语言描述应该是 x 大于或者等于 b，而且 x

小于或者等于 a。用逻辑表达式表示时，其正确的写法为：x>=b&&x<=a，而错误的写法为 a>=x>=b。

思考：如果要判断一个整型变量是不大于 20 的偶数，则该表达式应如何写？

3.2.4　条件运算符

条件运算符“？：”是 C51 语言中唯一的一个三目运算符，有三个运算对象，由条件运算符组成的式子称为条件表达式，其一般的形式为：

表达式 1?表达式 2：表达式 3

条件表达式的执行过程为：先计算表达式 1 的值，如果表达式 1 的值为非零(即真)，则整个条件表达式的值等于表达式 2 的值，否则为表达式 3 的值。

如：a = 2，b = 3　则

```
max = a>b?a：b;        // a > b 不成立，故条件表达式的值等于 b，所以 max 得到 3
```

注意：条件运算符是一对运算符，不能分开单独使用。

3.2.5　单片机的位操作

在 C51 编程时，经常会对位进行操作，位操作运算是指进行二进制位的运算。表 3.4 中列出了 C51 所提供的几种位操作运算符。

表 3.4　位操作运算符

<table>
<tr><th>运算符</th><th>功能</th><th>运算符</th><th>功　能</th></tr>
<tr><td>&</td><td>按位与</td><td>~</td><td>按位取反</td></tr>
<tr><td>|</td><td>按位或</td><td><<</td><td>向左移位</td></tr>
<tr><td>^</td><td>按位异或</td><td>>></td><td>向右移位</td></tr>
</table>

1. 按位与运算符（&）

按位与运算是指参加运算的两个数据的各二进制位分别对应进行“与”运算，只有两个相应位同时为 1 时，结果才为 1，否则结果为 0。

例如：

```
a=5&9;            //a=(0101B) & (1001B) =0001B
```

2. 按位或运算符（|）

按位或运算是指参加运算的两个数据的各二进制位分别对应进行“或”运算，只要两个相应位中有一个为 1，则结果为 1，否则结果为 0。

例如：

```
a=0x2c|0xf0;      //a=(00101100B)|(11110000B)= 11111100B=0xfc
```

注意：按位与（&）和逻辑与（&&）的区别，按位或（|）和逻辑或（||）的区别。

3. 按位异或运算符（^）

按位异或运算是指参加运算的两个数据的各二进制位分别对应进行“异或”运算，当两个相应位相同（1 与 1 或 0 与 0）时结果为 0，不同时结果为 1。

例如：

```
a=0x2c^0xf0;    //a=(00101100B)^(11110000B)=(11011100B)=0xdc
```

4. 按位取反运算符（~）

取反运算符为单目运算符，即它的运算量只有一个。它的功能是对运算量中的各二进制位分别进行取反运算，即将 0 变 1，1 变 0。

例如：

```
a=0xb6;    //a=10110110B
a=~a;      //a=01001001B
```

5. 向左移位运算符（<<）

a<<b 表示 a 中的各二进制位全部向左移 b 位，右边空出的位补 0，左边移出的位丢弃，即 a 左移 b 位，右边补 0。

例如：

```
a=0xf9;
a=b<<2;
```

则结果为：a=0xf9，b=0xe4。

图 3.1 所示为向左移位运算示意图。

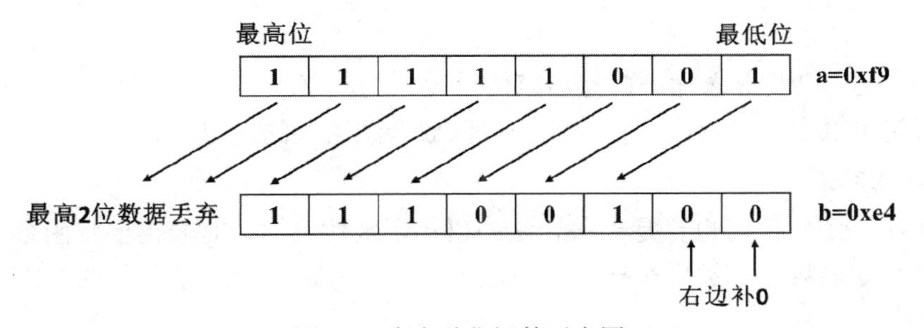

图 3.1　向左移位运算示意图

6. 向右移位运算符（>>）

a>>b 表示 a 中的各二进制位全部向右移 b 位，左边空出的位补 0，右边移出的位丢弃，即 a 右移 b 位，左边补 0。

例如：

```
a=0xf9;
b=a>>1;
```

则结果为：a=0xf9，b=0x7c。

图 3.2 所示为向右移位运算示意图。

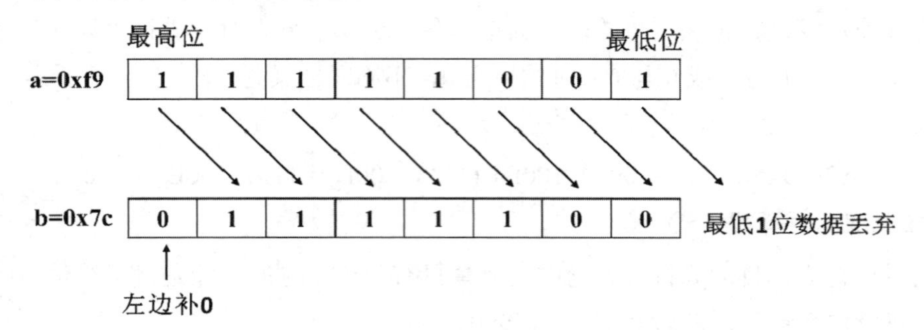

图 3.2　向右移位运算示意图

3.3　C51 语言流程控制语句

C51 中提供了丰富、灵活的流程控制语句，程序主要的控制结构有顺序、选择、循环三种基本结构。

1. 顺序结构中的语句

顺序结构是程序中最常见的控制结构，主要包括以下几种语句。

1) 赋值语句

在一条合法的赋值表达式后面加上一个分号(;)，这条表达式就变成了一个赋值语句。

赋值语句的格式：

```
变量=表达式;
```

例如：

```
a=a++;    //将 a 自加一，然后赋值给 a
```

赋值语句可以出现在程序中任意一个可以放合法语句的地方。

2) 函数调用语句

在 C51 中，函数调用也算是一条合法的语句，函数调用的时候需要将函数名写全，括号里面写上实际参数值，然后在括号后面加上一个分号，作为这条语句的结束标志。其一般的形式为：

```
函数名(实际参数);
```

如：

```
Delay(10);
Display(8, 5);
```

注意：函数的实际参数如果有多个，参数之间用逗号隔开。

3) 复合语句

C51 语言中，把多条语句用一对大括号括起来组成的语句称为复合语句。其一般的形式为：

```
{ 语句 1 ;语句 2 ;  … ; 语句 n ; }
```

如：

```
{ a=1; a++; b=a; }
```

复合语句虽然由多条语句组成，但仍把复合语句当成一条语句来看。在任何一个可以写一条语句的地方都可以使用复合语句。在复合语句里面定义的变量，只能在复合语句里面使用。

注意：复合语句后面不需要写分号。

4) 空语句

一条语句的结束符“;”独立使用时也是一条语句，称作空语句。

空语句在执行的时候不产生任何动作，执行一条空语句需要一个机器周期。经常用空语句去消耗 CPU 的执行时间，什么事情都不做，从而达到延时的目的。

2. 选择结构中的语句

选择结构中主要有 if 语句、if-else 语句、switch 语句。

1) if 语句

if 语句主要有两种形式：if 单分支、if-else 双分支。

(1) if 单分支。

if 语句的一般形式为：

```
if(表达式)  语句;
```

if 语句的执行过程为：先计算表达式的值，如果表达式的值为真，则执行 if 后面的语句；如果表达式的值为假，则不执行 if 后面的语句。

if 语句的执行流程图如图 3.3 所示。

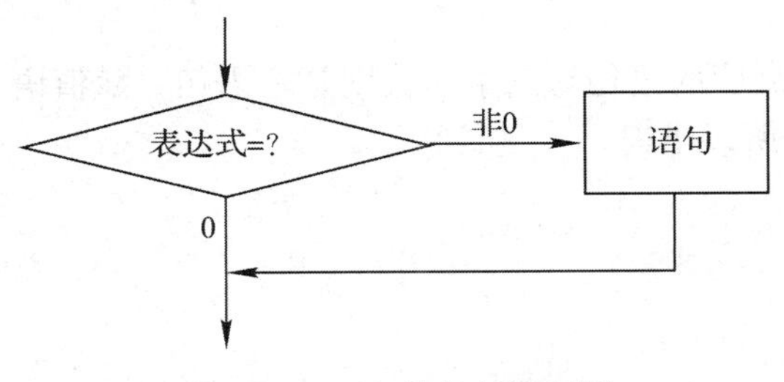

图 3.3　if 语句的执行流程图

如：

```
if(a>10) a=10;   //如果 a 大于 10，则执行 a = 10，
                 //如果 a 不大于 10，则不执行 a = 10
```

(2) if-else 双分支。

if-else 语句的一般形式为：

```
if(表达式) 语句 1;
else  语句 2;
```

if-else 语句的执行过程为：先计算表达式的值，如果表达式的值为真，则执行语句 1，然后 if-else 语句结束；如果表达式的值为假，则执行语句 2，然后 if-else 语句结束。

if-else 语句的执行流程图如图 3.4 所示。

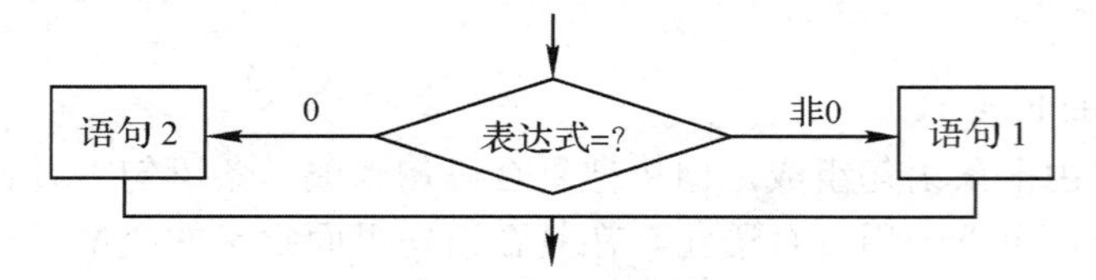

图 3.4　if-else 语句的执行流程图

例如：

```
if(a>10) b = 1;   //如果表达式 a > 10 为真，则执行 b = 1
else b = 2;       //如果表达式 a > 10 为假，则执行 b = 2
```

在使用 if 选择语句的时候应注意以下几点：

· 如果 if 后面的语句只有一条，可以不加大括号；如果有两条或者两条以上的语句，必须用大括号把这些语句括起来。为了增加程序的可读性，就算语句只有一条，也要用大括号括起来。

· if-else 是一对组合，不能只有 else 而没有 if。else 总是和离它最近的一个缺少了 else 配对的 if 进行配对。

· if-else 语句中，如果在 else 语句的后面继续加 if-else 语句，可形成多分支语句。

下面是错误例子：

```
if(a > 10);
b = 1;
c = 1;
else
b = 2;
```

错误例子分析：if 后面的语句有三条，分别是空语句、赋值语句 b=1 和 c=1，从而导致 else 不能和 if 配对，所以错误。

修改正确后的程序：

```
if(a > 10)
{
    b = 1;
    c = 1;
}
else
{
    b = 2;
}
```

2) switch 语句

switch 语句的一般形式为：

```
switch(表达式)
{
    case 常量 1：语句 1; break;
```

```
        case  常量 2：语句 2; break;
        case  常量 3：语句 3; break;
              …
        case  常量 n：语句 n; break;
        default：  语句; break;
    }
```

switch 语句的执行过程为：先计算表达式的值，并逐个比较 case 后面常量的值，当与某个常量的值相等时，就执行对应该常量后面的语句，语句执行后遇到 break 语句，就跳出 switch 语句。如果表达式的值与所有的 case 后面的常量的值均不相等，则执行 default 后面的语句。

使用 switch 语句需要注意以下几点：

(1) case 与常量之间至少要空一格，且每个 case 后面的常量的值不能有相同的，否则会出错。

(2) 遇到 break 语句，可以跳出当前的 switch 语句，如果在某一个 case 后面没有 break 语句，程序将继续往下执行，直到遇到 break 语句或者是 switch 结束才跳出 switch 语句。

(3) default 语句也可以缺省。

例如：

```
    a=P1;
    switch(a)
    {
        case 0xfe：  key=1; break;
        case 0xfd：  key=2; break;
        case 0xfb：  key=3; break;
        case 0xf7：  key=4; break;
        case 0xef：  key=5; break;
        case 0xdf：  key=6; break;
        case 0xbf：  key=7; break;
        case 0x7f：  key=8; break;
    }
```

3. 循环结构中的语句

1) for 语句

for 循环是一种计数型循环，是适用于循环次数已知情况下的循环结构，它采用循环控制变量来自动控制循环的次数。

for 语句的一般形式为：

```
    for(表达式 1;表达式 2;表达式 3)
    {
        语句;
    }
```

for 语句的执行过程为：

(1) 执行表达式 1；

(2) 执行表达式 2，若表达式 2 的值为真，则执行循环体里面的语句；若表达式 2 的值为假，则退出 for 循环；

(3) 执行表达式 3；

(4) 重复过程(2)、(3)。

for 语句的执行流程图如图 3.5 所示。

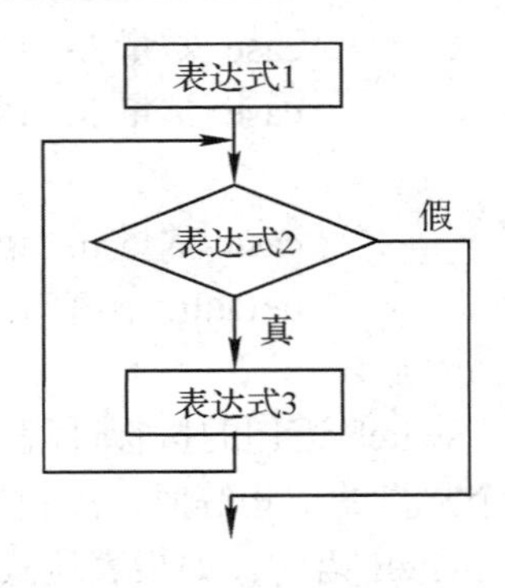

图 3.5　for 语句的执行流程图

例如：

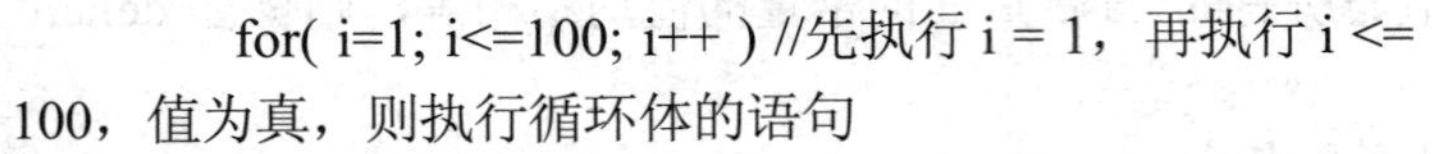

```
for( i=1; i<=100; i++ ) //先执行 i = 1，再执行 i <= 100，值为真，则执行循环体的语句
{           // sum = sum+i，然后执行 i++，再继续判断 i <= 100 表达式为真还是为假。
    sum = sum+i;            //因此总共要执行循环体 100 次
}
```

for 语句也可以简单地理解为如下形式：

for(循环变量赋初值；循环条件；循环变量增量)

循环变量赋初值总是一个赋值语句，它用来给循环控制变量赋初值；循环条件是一个关系表达式，它决定什么时候退出循环；循环变量增量是定义循环控制变量每循环一次后按什么方式变化。这三个部分之间用“；”分开。

使用 for 语句应该注意以下几点：

(1) for 循环中的“表达式 1(循环变量赋初值)”“表达式 2(循环条件)”和“表达式 3(循环变量增量)”都是选择项，即可以缺省，但“；”不能缺省。

(2) 省略“表达式 1(循环变量赋初值)”，表示不对循环控制变量赋初值。

(3) 省略“表达式 2(循环条件)”相当于认为表达式 2 总是为真的，如不做其他处理时便成为死循环。

2) while 语句

while 循环是一种条件型循环，适用于循环次数未知情况下的循环结构。

While 语句的一般形式为：

```
while(表达式)
{
    语句;
}
```

while 语句的执行过程为：

(1) 先执行表达式；

(2) 如果表达式为真，则执行循环体里的语句；如果表达式为假，则退出 while 语句；

(3) 重复步骤(1)和(2)。

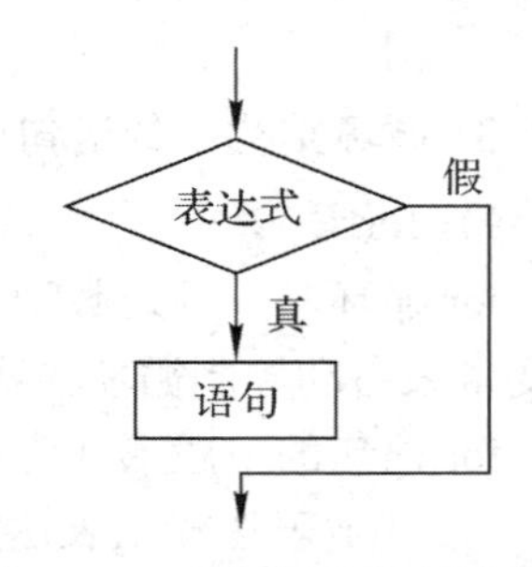

图 3.6　while 语句的执行流程图

while 语句的执行流程图如图 3.6 所示。

例如：求一个无符号整型变量的各位数字之和。

```
while(a > 0)
{
    sum = sum + a%10;
    a = a/10;
}
```

使用 while 语句需要注意以下几点：

(1) while 语句中的表达式一般是关系表达式或逻辑表达式，只要表达式的值为真(非 0)，即可继续循环。

(2) 循环体如包括有一条以上的语句，则必须用{}括起来，组成复合语句。

(3) 为了提高程序的可读性，循环体如果只有一条语句，也应加上{}。

3) do-while 语句

do-while 语句与 while 语句差不多。while 语句是先判断真假，为真再执行，而 do-while 是先执行后判断真假，若为真就继续执行。

do-while 的一般形式为：

```
do
{
    语句
}
while(表达式);
```

do-while 语句的执行过程为：

(1) 先执行 do 后面的语句；

(2) 执行表达式，如果表达式为假，则退出 do-while 语句；如果表达式为真，则回到(1)继续执行。

do-while 语句的执行流程图如图 3.7 所示。

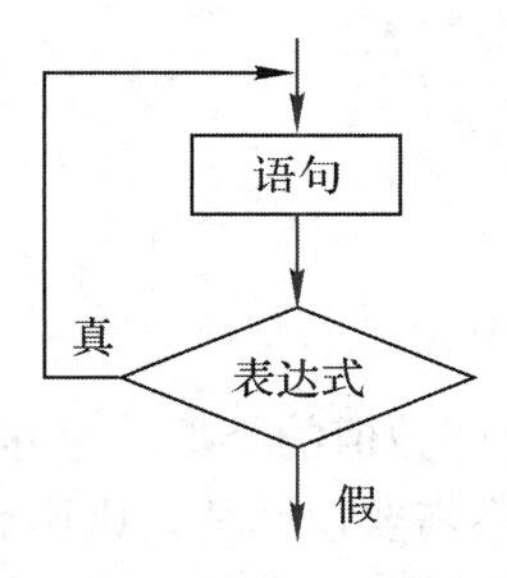

图 3.7　do-while 语句的执行流程图

例如：

```
do
{
    i++;
}while(i<100) ;
```

使用 do-while 语句要注意以下两点：

(1) do-while 语句的表达式后面必须加分号。

(2) do-while 语句是先执行，后判断语句。

4. 辅助语句

1) break 语句

break 辅助语句有以下两个作用：

(1) 跳出所在的 switch 语句；

(2) 跳出离它最近的一个循环语句。

2) continue 语句

continue 辅助语句的作用是：结束本次循环，进入下一次循环的开始。

3.4 函　　数

函数是 C 语言程序中最基本的组成单位，每个程序都是由函数组成的。main()也是一个函数，只不过它比较特殊，编译时将它作为程序的开始段。函数体现了 C 语言模块化的优点，一般重复使用次数较多或有特定功能的程序块，会封装成单独的函数，以便调用和阅读。函数可以反复调用，因此一些常用的函数能做成函数库以供在编写程序时直接调用，从而更好地实现模块化的设计，大大提高编程工作的效率。

1. 函数的定义

通常 C 语言的编译器会自带标准的函数库，函数库中提供的都是一些常用的函数，Keil μVision4 中也不例外。标准函数已由编译器软件商编写定义，使用者直接调用就可以了，无需自定义。但是标准函数不足以满足使用者的特殊要求，因此 C 语言允许使用者根据需要编写特定功能的函数。C 语言中，函数应先定义，然后方可调用。

函数定义的格式如下：

```
函数类型 函数名称(形式参数表)
{
    函数体
}
```

说明：

(1) 函数的类型是函数执行后返回数值的类型。返回值如果是一个变量，只要按变量类型来定义函数类型就行了；如函数不需要返回值，则函数类型写作“void”，表示该函数没有返回值。需要注意的是，函数体返回值的类型一定要和函数类型一致，不然会造成错误。

(2) 函数名称的定义应在遵循 C 语言变量命名规则的同时，不能在同一程序中定义同名的函数，否则将会造成编译错误(同一程序中是允许有同名变量的，因为变量有全局和局部之分)。

(3) 形式参数是指调用函数时要传入到函数体内参与运算的变量，它可以有一个、几个或没有。不需要形式参数的函数为无参函数，其括号内应为空或写入“void”，括号本身不能省略。

(4) 函数体中可以包含局部变量的定义和程序语句。如函数要返回运算值时，应使用 return 语句进行返回。在函数的 { } 号中可以什么也不写，这时，定义了一个空函数，在一个程序项目中可定义一些空函数，以便在以后的修改和升级中能利用这些空函数进行功能扩充。

例如：

```
unsigned int delay(char a)      //定义了一个函数，有一个形参，返回一个无符号整数
{
    unsigned int i, j;          //定义 2 个局部整型变量 i，j
    for(i=0; i<a; i++)          // for 循环，循环次数由 a 值的大小来定
    {
        for(j=0; j<1000; j++);//循环 1000 次，此循环语句的循环体为空语句
    }
    return i*j ;                //返回值为 i*j
}
```

注意：函数的定义不能嵌套，即函数体内不能定义函数，函数的定义应该在所有函数外面；函数的头部与函数体之间不能写其他的语句。

下面为错误例子：

```
void delay(int a)
int x, y;
{
    ...
    int display()
    {
        ...
    }
    ...
}
```

2. 函数的调用

函数定义好以后，只有被其他函数调用了才能被执行。C 语言的函数可以相互调用，但在调用函数前，必须对函数的类型进行说明，就算是标准库函数也不例外。标准库函数的说明按照功能分别写在不一样的头文件中，使用时只要在文件最前面用“#include”预处理语句引入相应的头文件即可。如前面使用的 printf 函数，其说明就放在文件名为“stdio.h”的头文件中。

调用就是指在一个函数体中引用另一个已定义的函数来实现所需要的功能，此时函数体称为主调用函数，函数体中所引用的函数称为被调用函数。

在函数体中能调用其他的函数，这些被调用的函数同样也能调用其他函数，这就是所谓的嵌套调用。在 C51 语言中有一个函数是不能被其他函数所调用的，它就是主函数 main。调用函数的一般形式如下：

函数名 (实际参数表);

“函数名”就是指被调用的函数。实际参数表可为零或多个参数，多个参数时要用逗号隔开。

每个参数的类型、位置应与函数定义时指定的形式参数一一对应，调用函数的过程中会将实际的参数传到被调用函数中的形式参数，如果类型不对应就会产生一些错误。调用的函数是无参函数时不写参数，但不能省后面的括号。

例如：求矩形面积，使用函数调用的方法实现。

```
unsigned int Rectangle_area(unsigned int length,unsigned int wide)
{
    return length*wide;
}
void main( )
{
    int Rec_area;
    Rec_area=Rectangle_area(4, 3);
}
```

3. 函数使用注意事项

(1) 程序从主函数开始运行，到主函数结尾结束运行，在编写主函数程序时一般使用死循环，不让程序结束。

(2) 子函数的定义必须注意，不能在其他函数中包含子函数，当定义了函数的数据类型时，函数需要返回一个与函数数据类型一致的数据。

(3) 函数在使用的时候，必须要先定义再使用或者是先声明再使用。声明的方法是将函数的头部写在头文件里面，每一条声明语句后面要加分号“;”。

(4) 函数调用时要注意实参的数据类型和数量必须要和形参的数据类型和数量一致。

习　　题

1. 假设一条空语句“; ”执行一次所要花费的时间为 1 微秒，设计一个 10 分钟的延时函数。

2. 设计一程序，找出 1000 以内能被 3 整除而且能被 7 整除的所有偶数。

3. 设计一程序，找出 100～999 中的所有水仙花数，水仙花数是指一个数的各位数字的立方和等于该数字，如 $153 = 1^3 + 5^3 + 3^3$。

4. 编写一函数，该函数能够求传递给它的数的各位数字之和，并将和返回给函数。

第 4 章　单片机实践基础

本章通过 7 个项目实例，复习第 3 章 C 语言基础知识：常量和变量；运算符与表达式；分支语句(包括 if、if-else、switch)；循环语句(包括 while、do-while、for)；函数的调用；等等。

4.1　LED 灯 显 示

LED 是日常生活中运用广泛的显示器件之一。本节我们通过 LED 灯程序，学习 I/O 口的位控制、并行操作。

【例 4.1】 硬件电路如图 4.1 所示，参数如表 4.1 所示。设计一个 LED 闪烁灯：让 P1.0 为高电平，延时一段时间后，让 P1.0 为低电平。以此循环就可以让 D1 闪烁。

表 4.1　LED 闪烁灯电路参数

序号	元件	元件参数	Proteus 中元件名
1	电阻	R1：10 kΩ；R2：510 Ω	RES
2	电容	C1：10 μF；C2、C3：30 pF	CAP
3	LED	D1：红色	LED-RED
4	晶振	X1：12 MHz	CRYSTAL
5	单片机	AT89C51	AT89C51

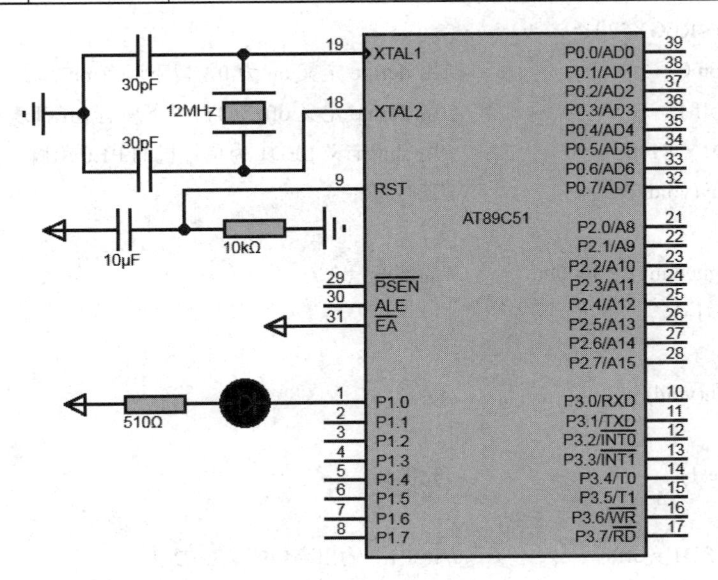

图 4.1　LED 闪烁灯硬件电路图

LED闪烁灯的有关程序如下：

```
#include <REGX52.H>                //单片机头文件，包含相关特殊寄存器物理映射
void delay()                       //延时程序
{
    unsigned int i = 50000;        //局部变量i
    while(i--);
}
void main(void)
{
        while(1)                   //死循环
        {
            P1_0 = 1;              //让P1.0输出高电平，LED灭
            delay();               //延时函数的调用
            P1_0 = 0;              //让P1.0输出低电平，LED亮
            delay();               //延时函数的调用
        }
}
////////////////////////////////////////////////////////////////////////////////////////////////////////////////////////////
```

双击“Proteus”中的“AT89C51”，将“Program File”路径指向Keil μVision4 生成的“HEX”文件，即可在“Proteus”中看到仿真结果。图4.1中单片机18、19脚的晶振电路和9脚的复位电路在仿真中可以不画出。

【例4.2】 为了更好地描述程序与硬件的关系，例4.1的程序经常使用sbit、define等语句让程序易读且方便修改。

相应的程序如下：

```
#include <REGX52.H>
#define on 0                       //用define定义on为0，以下所有on都表示为0
#define off 1                      //用define定义off为1，以下所有off都表示为1
sbit LED1 = P1^0;                  //用sbit定义LED1为单片机的P1.0引脚
void delay(void)                   //延时程序
{
    unsigned int i = 50000;        //局部变量i
    while(i--);
}
void main(void)
{
    while(1)                       //死循环
    {
        LED1 = off;                //让P1.0输出高电平，LED灭
        delay();                   //延时函数的调用
```

```
        LED1=on;              //让 P1.0 输出低电平，LED 亮
        delay();              //延时函数的调用
    }
}
```

【例 4.3】 硬件电路如图 4.2 所示，设计一个流水灯程序：让 LED 从上往下依次点亮、熄灭，表 4.2 所示为流水灯的电路参数，用于练习并行口的程序编写时首先让 P1 值为 0xfe，延时一段时间后让 P1 值为 0xfd，以此类推到 P1 值为 0x7f，并以此循环。(图 4.2 中排阻在 Proteus 中的元件名为 respack-8，单片机的外部晶振电路、复位电路在仿真中都可省略。)

表 4.2　流水灯电路参数

LED	D7	D6	D5	D4	D3	D2	D1	D0
P1 值	P1.7	P1.6	P1.5	P1.4	P1.3	P1.2	P1.1	P1.0
0xfe	1	1	1	1	1	1	1	0
0xfd	1	1	1	1	1	1	0	1
0xfb	1	1	1	1	1	0	1	1
0xf7	1	1	1	1	0	1	1	1
0xef	1	1	1	0	1	1	1	1
0xdf	1	1	0	1	1	1	1	1
0xbf	1	0	1	1	1	1	1	1
0x7f	0	1	1	1	1	1	1	1

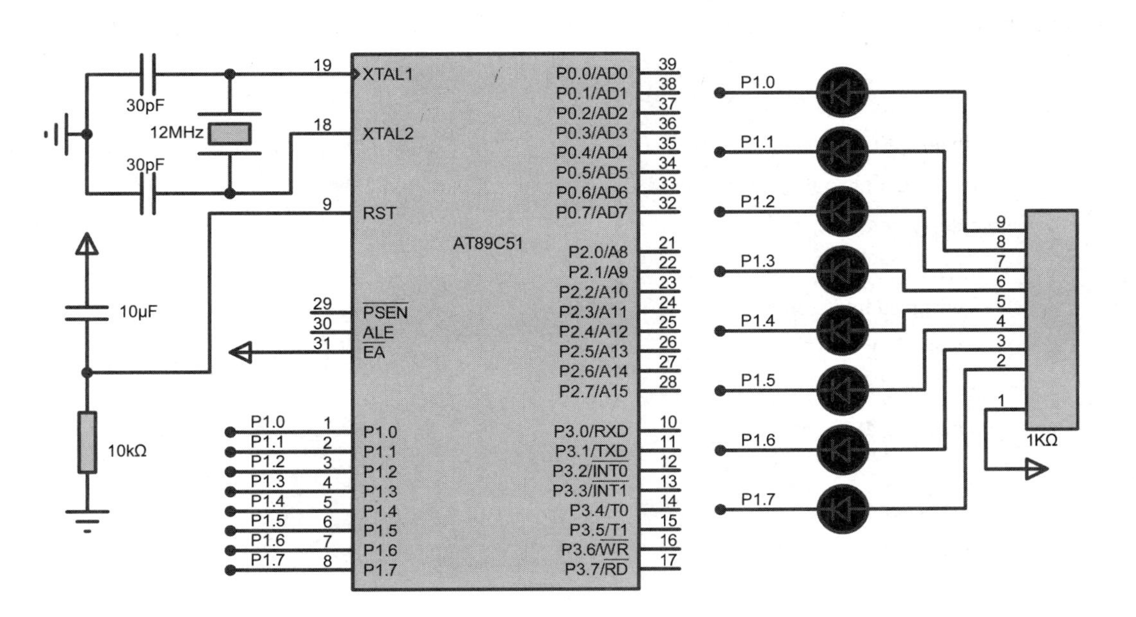

图 4.2　流水灯硬件电路图

相应的程序如下：

```
#include <REGX51.H>
void delay(void)                        //延时函数
{
    unsigned int i = 50000;             //局部变量 i
    while(i--);
}
void main()
{
    while(1)
    {
        P1 = 0xfe; delay();
        P1 = 0xfd; delay();
        P1 = 0xfb; delay();
        P1 = 0xf7; delay();
        P1 = 0xef; delay();
        P1 = 0xdf; delay();
        P1 = 0xbf; delay();
        P1 = 0x7f; delay();
    }
}
```

【例 4.4】 例 4.3 中的程序可以采用调用数组的方法来实现，只要将 P1 的值存放于数组 numtab[] 中，并按顺序调用即可。此时可声明一个变量 t，让 t 自加并调用 numtab[] 依次传输给 P1。

有关程序如下：

```
#include <REGX51.H>
unsigned char numtab[] = {0xfe, 0xfd, 0xfb, 0xf7, 0xef, 0xdf, 0xbf, 0x7f};
void delay(void)                    //延时函数
{
    unsigned int i = 50000;         //局部变量 i
    while(i--);
}
void main(void)
{
    unsigned char t;                //局部变量 t
    while(1)
    {
        P1 = numtab[t];             //将数组 numtab[t]的值传输给 P1
                                    // P1 = numtab[3]; 相当于 P1=0xf7;
```

```
            delay();                //延时函数的调用
            t++;                    // t 自加
            if(t >= 8) t = 0;       //由于数组的值仅有 8 个，所以 t 的值不得大于等于 8，
                                    //否则 P1 的值将是不确定值
        }
    }
//////////////////////////////////////////////////////////////////////////////////////////////////////////////////
```

4.2 按　　键

按键在电路设计中经常使用到，例如时钟时间的调整、某种状态的确定或切换都会使用按键。现实中按键的种类很多，部分实物如图 4.3 所示。

图 4.3　按键实物图

由于按键接触采用物理接触，因此在键按下时会出现抖动问题，如图 4.4 所示。单片机在读取按键状态时应采用延时法做防抖处理：当判断按键按下时延时 10 ms 左右，等到键稳定后再一次判断键是否按下再做相关处理。

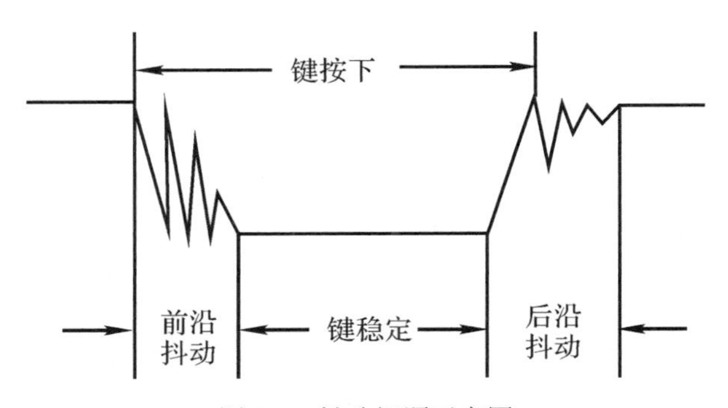

图 4.4　抖动问题示意图

【例 4.5】 硬件电路如图 4.5 所示，设计一个程序：采用单片机的 P3.0 读取独立按键的逻辑状态，通过 P2.7 控制 LED，当按键按下时让 LED 亮，否则不亮(按键在 Proteus 库中的元件名为 BUTTON)。

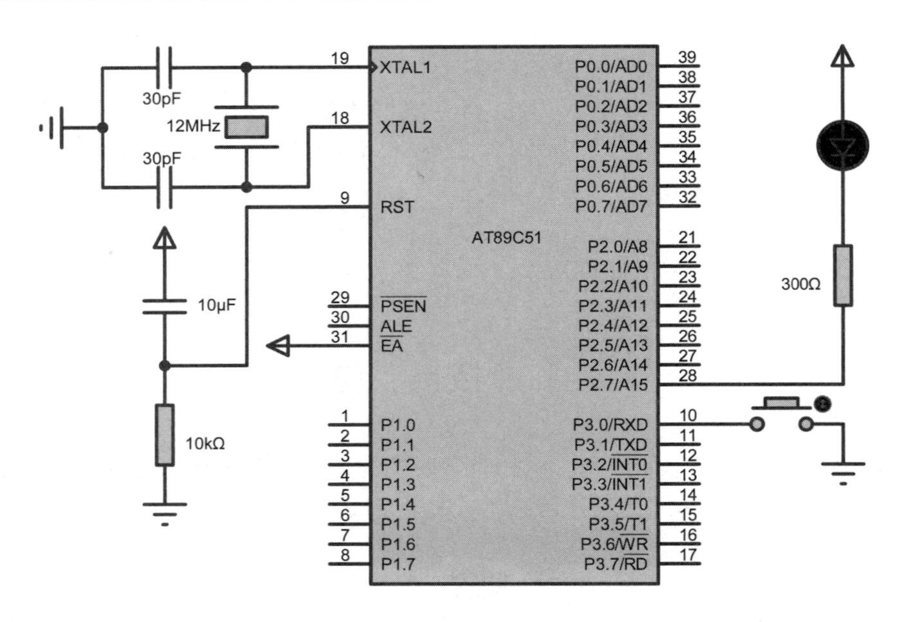

图 4.5　硬件电路图

有关程序如下：

```
#include <REGX51.H>
sbit key = P3^0;                    //定义硬件的接口
sbit led = P2^7;
#define key_on 0                    //定义相关常量
#define key_off 1
#define led_on 0
#define led_off 1
void delay()                        //延时函数
{
    unsigned int i = 10000;
    while(i--);
}
void main()
{
    while(1)                        //死循环
    {
        key = key_off;              //将 P3.0 电平拉高，以方便检测其是否为低电平
         if(key == key_on)          //判断 P3.0 是否为低电平
         {
              delay();              //延时程序，防抖等待键稳定
              if(key == key_on)
              {
```

```
                led = led_on;              //当有键按下时，让 LED 亮
            }
            while(key == key_on);          //松手检测，等待手放开按键弹起
        }
        else led = led_off;                //当无键按下时，LED 灭
    }
}
```

上述程序中，while(key == key_on)是对按键按下的等待：当有键按下时，LED 灯亮后执行到该语句，此时 key 的值为 0，也就是 key_on，该语句相当于 while(1)，程序将一直停于该处；当没有键按下时，key 的值不为 1，while(key == key_on)不成立，程序继续往下执行。

4.3　蜂鸣器的应用

在电子产品中，蜂鸣器通常被当作发声器件，在电子玩具、定时器、报警器、打印机等产品中有着广泛的应用。

按照驱动方式的不同，蜂鸣器可分为有源蜂鸣器和无源蜂鸣器，两者的区别在于内部是否有振荡源，两种类型中的“源”指的是振荡源，而不是电源。其中，有源蜂鸣器内部带振荡源，若想让有源蜂鸣器发出声音，只需要给其通电即可；而无源蜂鸣器内部无振荡源，要让其发出声音必须加入一定频率的脉冲，加入脉冲的频率是发出声音的频率。

由于单片机 I/O 口的电流驱动能力有限，而蜂鸣器正常工作一般需要比较大的电流，以至于单片机的 I/O 口无法直接驱动，因此需要通过放大电路来驱动蜂鸣器，通常使用三极管放大电流来提供驱动能力。蜂鸣器驱动电路如图 4.6 所示，若使用 P0 口则要接一个上拉电阻，如图 4.6(b)所示。若图 4.6 中的蜂鸣器使用的是有源蜂鸣器，当给接控制信号的 I/O 口一个低电平时，三极管导通，蜂鸣器有电流通过使其发出声音；当给接控制信号的 I/O 口一个高电平时，三极管截止，蜂鸣器中无电流通过。

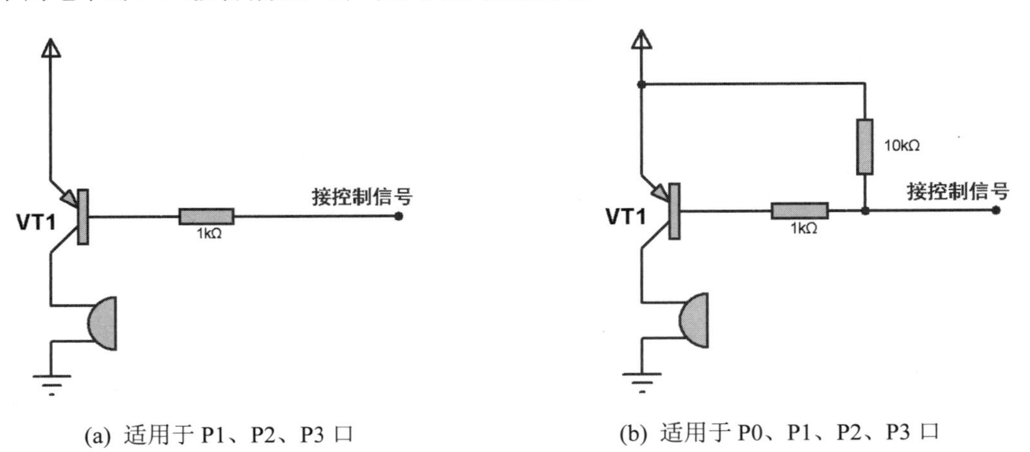

(a) 适用于 P1、P2、P3 口　　(b) 适用于 P0、P1、P2、P3 口

图 4.6　蜂鸣器驱动电路

【例 4. 6】硬件电路如图 4.7 所示，设计一个程序：让蜂鸣器发出滴滴的声音(蜂鸣器在 Proteus 库中的元件名为 BUZZER)。

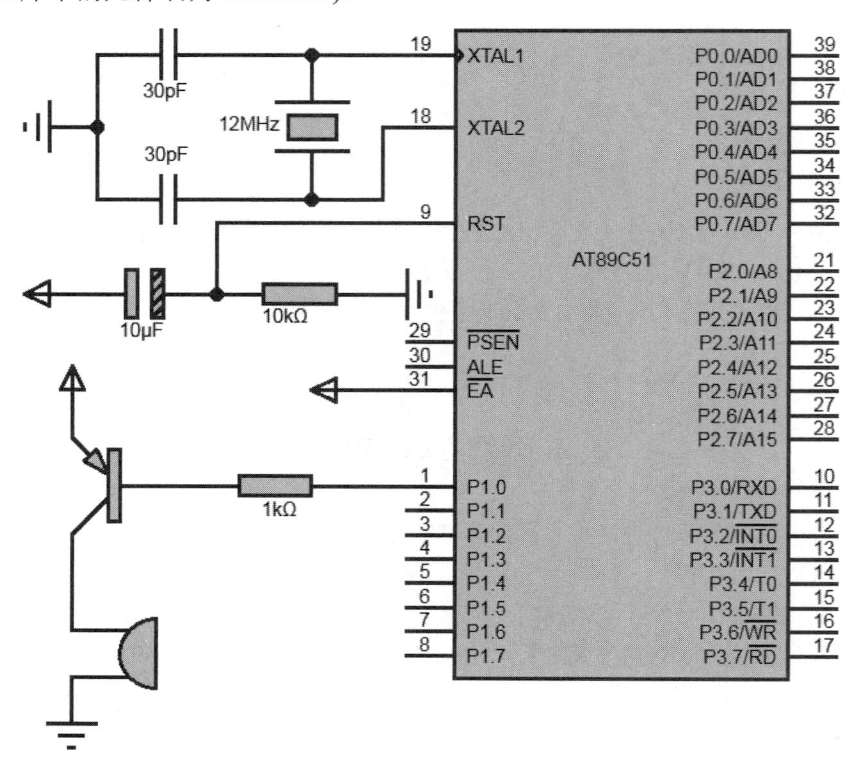

图 4.7　蜂鸣器硬件电路图

相应的程序如下：

```
#include <REGX51.H>
#define buz_on 0
#define buz_off 1
sbit buz=P1^0;
void delay()   //延时函数
{
   unsigned int i=50000;
   while(i--);
}

void main()
{
  while(1)
  {
        buz=buz_on;            //蜂鸣器鸣叫
        delay();               //延时函数的调用，延时的时间为蜂鸣器响的时间
```

```
        buz=buz_off;          //蜂鸣器停止
        delay();              //延时函数的调用


    }
  }
```

【例 4.7】 硬件电路如图 4.8 所示，设计一个程序：让蜂鸣器配合例 4.4 的流水灯发出声音，每点亮一个 LED 蜂鸣器响一声(蜂鸣器在 Proteus 库中的元件名为 BUZZER)。

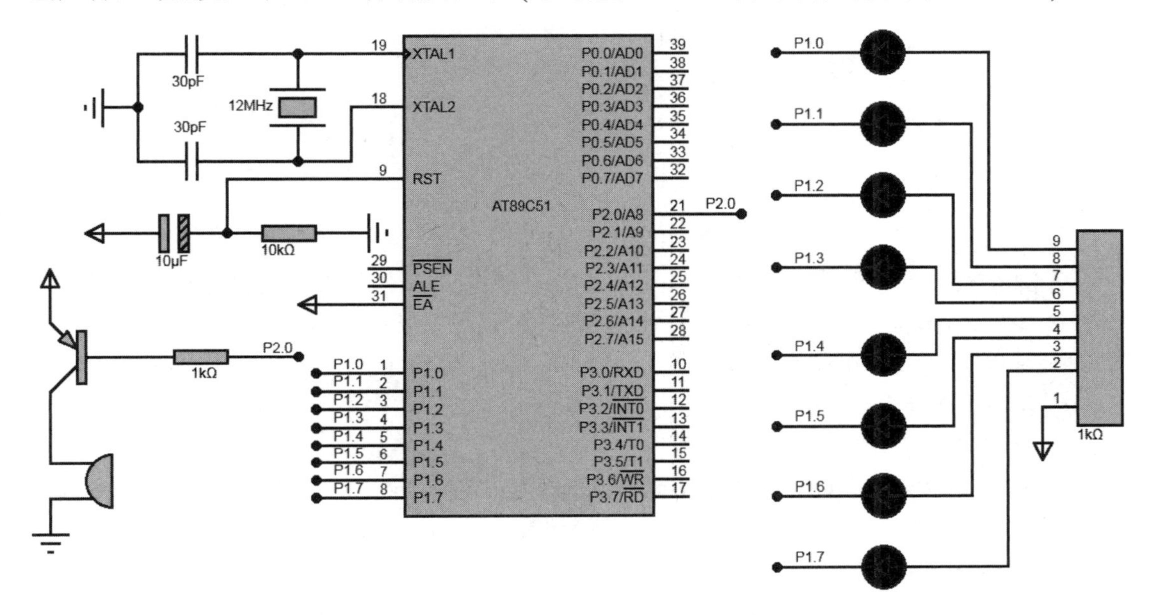

图 4.8　蜂鸣器与流水灯硬件电路图

相应的程序如下：

```
  #include <REGX51.H>
  unsigned char numtab[ ]={0xfe,0xfd,0xfb,0xf7,0xef,0xdf,0xbf,0x7f};
  #define buz_on 0
  #define buz_off 1
  sbit buz=P2^0;
  void delay(void)              //延时函数
  {
      unsigned int i=50000;     //局部变量 i
      while(i--);
  }
  void main(void)
  {
      unsigned char t;          //局部变量 t
      while(1)
```

```
{
        P1=numtab[t];           //将数组 numtab[t]的值传输给 P1，
                                //如 P1=numtab[3];相当于 P1=0xf7
         buz=buz_on;            //蜂鸣器鸣叫
        delay();                //延时函数的调用，延时的时间为蜂鸣器响的时间
              t++;              //t 自加
        if(t>=8)t=0;            //由于数组的值仅有 8 个，所以 t 的值不得大于等于 8，
                                //否则 P1 的值将是不确定值
        buz=buz_off;            //蜂鸣器停止
        delay();                //延时函数的调用

}
}
```

【例 4.8】 硬件电路如图 4.7 所示，设计一个控制蜂鸣器不断发出报警响声的程序：报警声音由 2 kHz 和 500 Hz 两种音频交替组成。由于需要产生不同频率的声音，因此必须使用无源蜂鸣器(蜂鸣器在 Proteus 库中的元件名为 BUZZER)。

相应的程序如下：

```
#include <REGX51.H>
#define uint unsigned int       //用 define 定义 uint 为 unsigned int,
                                //以下所有 uint 都表示为 unsigned int
#define buz_on 0
#define buz_off 1
sbit buz=P1^0;
void delay(uint num)            //延时函数
{
  uint i,j;
  for(i=num;i>0;i--)            //i=num，即延时约 0.25*num 毫秒
          for(j=30;j>0;j--);
}
/*蜂鸣器发声函数，ct=计数次数，ht=高电平时间，lt=低电平时间*/
void buz_di(int ct,int ht,int lt)
{
  int x;
  for(x=0;x<ct;x++)             //计数 ct 次
  {
      buz=buz_off;              //输出高电平
      delay(ht);                //延时高电平时间
      buz=buz_on;               //输出低电平
```

```
        delay(lt);              //延时低电平时间
    }

}
void main()
{
  while(1)
  {
        buz_di(200,1,1);       //蜂鸣器发声 2 kHz 声音 200 ms
        buz_di(200,4,4);       //蜂鸣器发声 500 Hz 声音 400 ms
  }
}
```

4.4　静态数码管显示

数码管是将 LED 按一定的排列封装构成的，如图 4.9 所示的数码管为 8 段数码管(由 8 个 LED 组成，分别为 a、b、c、d、e、f、g、DP)。按公共端结构不同可将数码管分为两类：共阴数码管和共阳数码管。共阴数码管是将 LED 的阴极连接在一起，共阳数码管是将 LED 的阳极连接在一起。

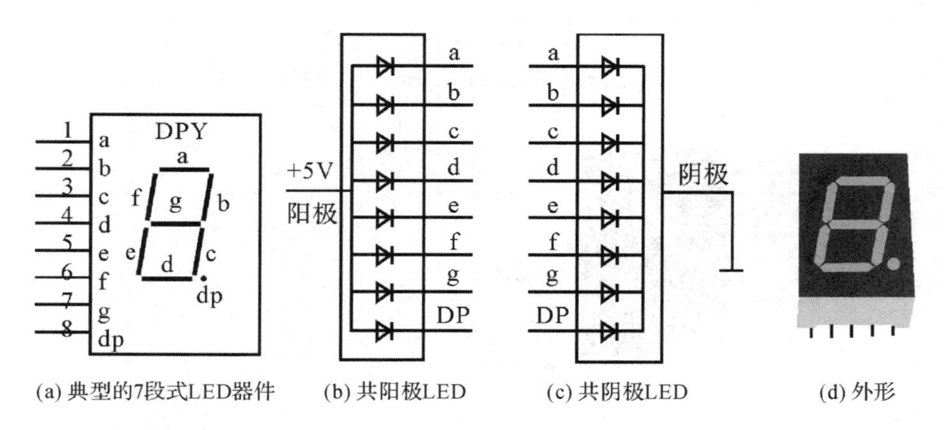

图 4.9　8 段数码管图

【例 4.9】 硬件电路如图 4.10 所示，设计一个共阴数码管显示程序：让数码管从 0 显示到 9 并以此循环。表 4.3 所示为共阴数码管的电路参数，只要给单片机 I/O 一个适合的值，数码管就会显示相对的数字。比如要显示 0：让数码管的 a、b、c、d、e、f 段为高电平，g、DP 为低电平，数码管将会显示 0；对应的单片机 I/O 只需让 P1.0～P1.5 为高电平，P1.6、P1.7 为低电平，P1 的值为 0x3f。由此可以推出显示其他数字时 P1 的值 (共阴数码管在 Proteus 库中的元件名为 7SEG-COM-CAT-GRN)。

表 4.3　共阴数码管电路参数

数码管	DP	g	f	e	d	c	b	a	
显示内容	P1.7	P1.6	P1.5	P1.4	P1.3	P1.2	P1.1	P1.0	P1 值
0	0	0	1	1	1	1	1	1	0x3f
1	0	0	0	0	0	1	1	0	0x06
2	0	1	0	1	1	0	1	1	0x5b
3	0	1	0	0	1	1	1	1	0x4f
4	0	1	1	0	0	1	1	0	0x66
5	0	1	1	0	1	1	0	1	0x6d
6	0	1	1	1	1	1	0	1	0x7d
7	0	0	0	0	0	1	1	1	0x07
8	0	1	1	1	1	1	1	1	0x7f
9	0	1	1	0	1	1	1	1	0x6f

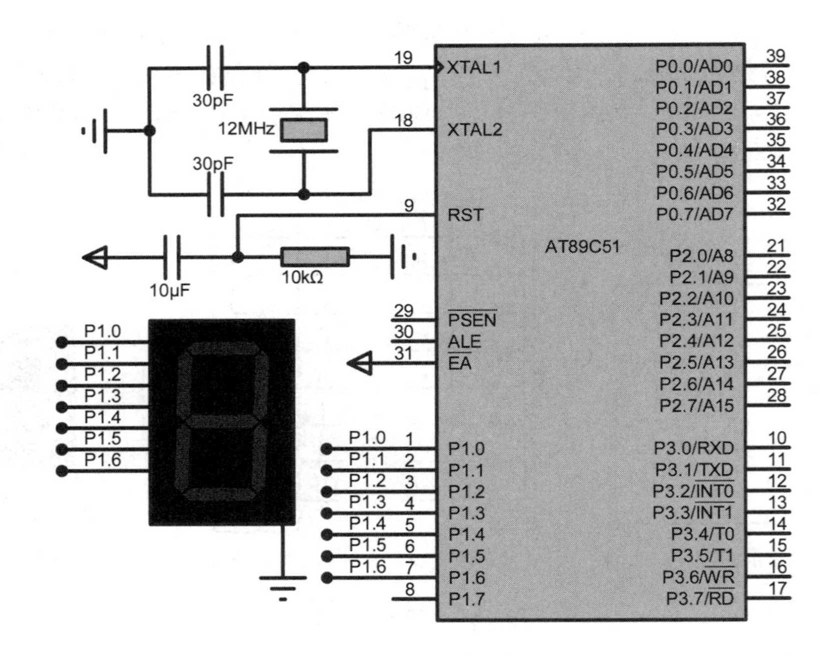

图 4.10　共阴数码管硬件电路

相应的程序如下：

```
#include <REGX51.H>
unsigned char num[] = {0x3f, 0x06, 0x5b, 0x4f, 0x66, 0x6d, 0x7d, 0x07, 0x7f, 0x6f};
//数码管代码表
void delay()                          //延时函数
```

```
{
    unsigned int i = 50000;
    while(i--);
}
void main()
{
    unsigned char t;
    while(1)
    {
        P1 = num[t++];
        if(t > 9) t = 0;                    //当 t 大于 9 时将 t 清零
        delay();
    }
}
```

//

【例 4.10】 硬件电路如图 4.11 所示，采用独立按键和数码管设计一个程序实现以下功能：按键每按一次，数码管加 1；当数码管加到 9 后又从 0 开始。

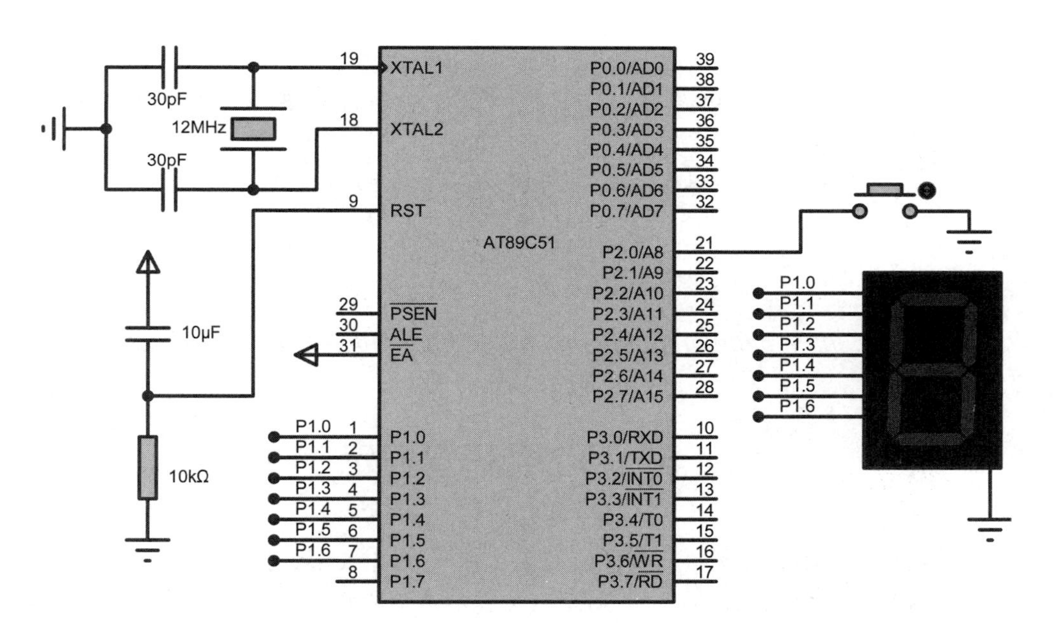

图 4.11　独立按键和数码管的硬件电路图

相应的程序如下：

```
#include <REGX51.H>
unsigned char num[] = {0x3f, 0x06, 0x5b, 0x4f, 0x66, 0x6d, 0x7d, 0x07, 0x7f, 0x6f};
//数码管代码表
sbit key=P2^0;                          //定义硬件的接口
```

```
#define key_on 0
#define key_off 1
void delay()                          //延时程序，用于按键防抖
{
    unsigned int a = 10000;
    while(a--);
}
void main()
{
    unsigned char i;                  //定义 i，用于计算按键按下次数
    while(1)
    {
        P1 = num[i];                  //用 P1 显示按键按下的次数
        if(key == key_on)             //检测按键是否按下
        {
            delay();                  //防抖
            if(key == key_on)
            {
                i++;
                if(i > 9) i = 0;      //每次按键按下 i 加 1；如果 i 等于 10，i 变为 0
            }
            while(key == key_on);     //检测按键是否松手放开
        }
    }
}
//////////////////////////////////////////////////////////////////////////////////////////////////////////
```

4.5　动态数码管显示

为使数码管进行动态显示，可将 2 位及以上数码管的数据端分别接在一起，即第一个数码管的 a 段与第二个数码管的 a 段接起来(可以是多个数码管)，以此接完所有 LED，并留出每位数码管的公共端，如图 4.12 所示。

动态方式显示时，各数码管分时轮流选通，在某一时刻只选通一位数码管，并送出相应的字型码(见表 4.3)，在另一时刻选通另一位数码管，并送出相应的字型码，以此规律循环，即可使各位数码管显示将要显示的不同字符。但由于人眼存在视觉暂留效应，只要每位显示间隔足够短，就可以给人同时显示的感觉。一般情况下，每位数码管显示周期为 20 ms 即可，周期太短会有重影，而周期太长会有闪烁现象。

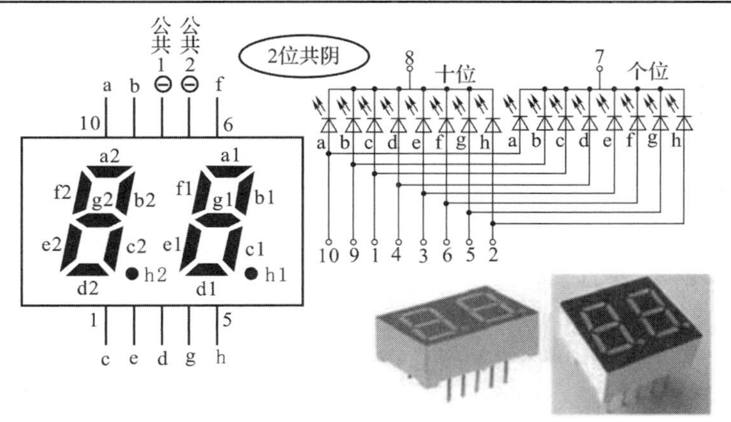

图 4.12　数码管连接示意图

【例 4.11】 硬件电路如图 4.13 所示，采用动态显示的方式让数码管从 0 显示到 99，并以此循环。2 位数码管在 Proteus 中为 7SEG-MPX2-CC-BLUE。

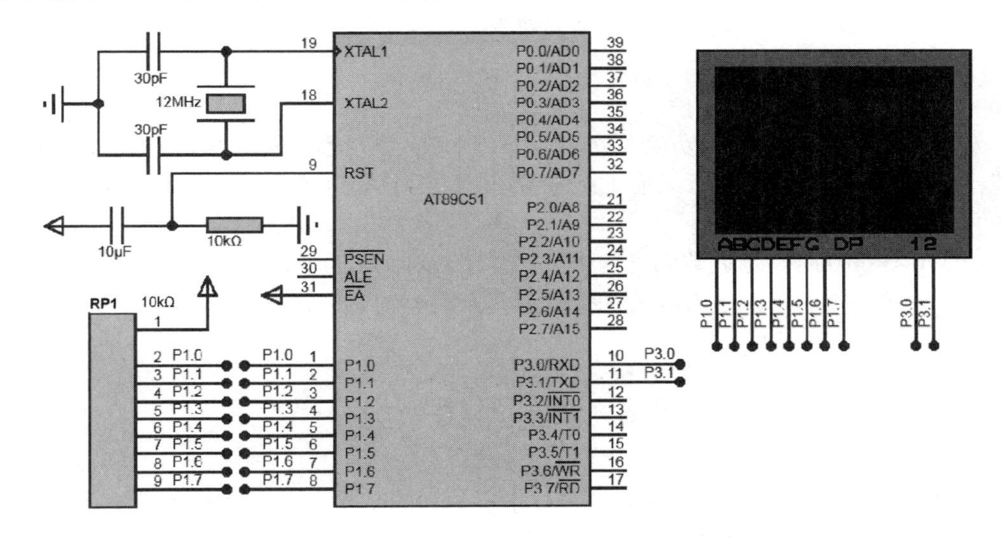

图 4.13　动态显示的硬件电路

相应的程序如下：

```
#include <REGX51.H>
unsigned char num[] = {0x3f, 0x06, 0x5b, 0x4f, 0x66, 0x6d, 0x7d, 0x07, 0x7f, 0x6f}; //数码管代码表
void delay()
{
    unsigned int a = 500;
    while(a--);
}
void main()
{
    unsigned char i, j;                //定义 i，j
    while(1)
```

```
        {
            j++;
            if(j>100)
            {
                j = 0;
                i++;
                if(i>99) i = 0;
            }
            P1 = num[i/10]; P3_0 = 0; P3_1 = 1;
            delay();
            P3_0 = 1; P3_1 = 1;       //消影处理;
            P1 = num[i%10]; P3_0 = 1; P3_1 = 0;
            delay();
            P3_0 = 1; P3_1 = 1;       //消影处理;
        }
    }
//////////////////////////////////////////////////////////////////////////////////////////////////////////////////////////
```

以上程序定义 i，让 i 自加。通过 if 语句判断：当 i 大于 99 时，让 i 等于 0，从而限制 i 的区间。

当 P3_0 等于 0 时，选通数码管的十位，显示内容为 i 的十位数，即：i/10。

当 P3_1 等于 0 时，选通数码管的个位，显示内容为 i 的个位数，即：i%10。

4.6 矩阵键盘

矩阵键盘与独立键盘不同，按键开关位于行与列的交叉点上，且每个开关的两端均分别与行、列线相连。图 4.14 所示为 4×4 矩阵键盘。

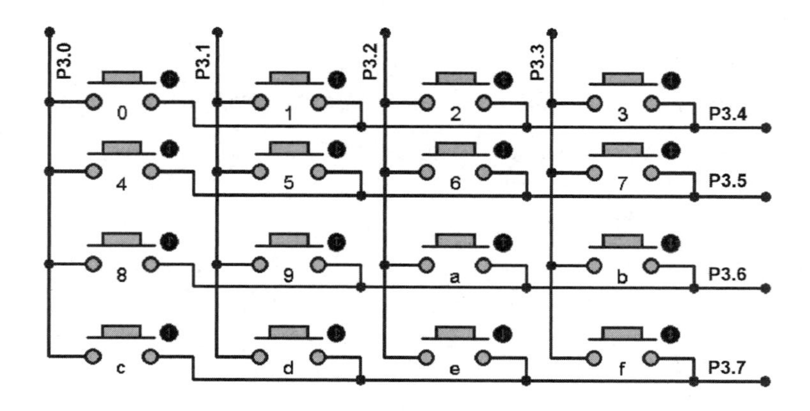

图 4.14　4×4 矩阵键盘

矩阵键盘的程序一般采用逐行扫描的形式，主要步骤为以下几点：

(1) 让 P3 值为 0xff，P3.0 值为 0。

(2) 查询 P3.4、P3.5、P3.6、P3.7 的值，确定第一列 4 个按键是否按下。

(3) 让 P3 值为 0xff，P3.1 值为 0。

(4) 查询 P3.4、P3.5、P3.6、P3.7 的值，确定第二列 4 个按键是否按下。

(5) 重复以上步骤直到查询完所有列为止。

【例 4.12】 硬件电路如图 4.15 所示，设计一个矩阵键盘程序，并将按键值显示在数码管上。

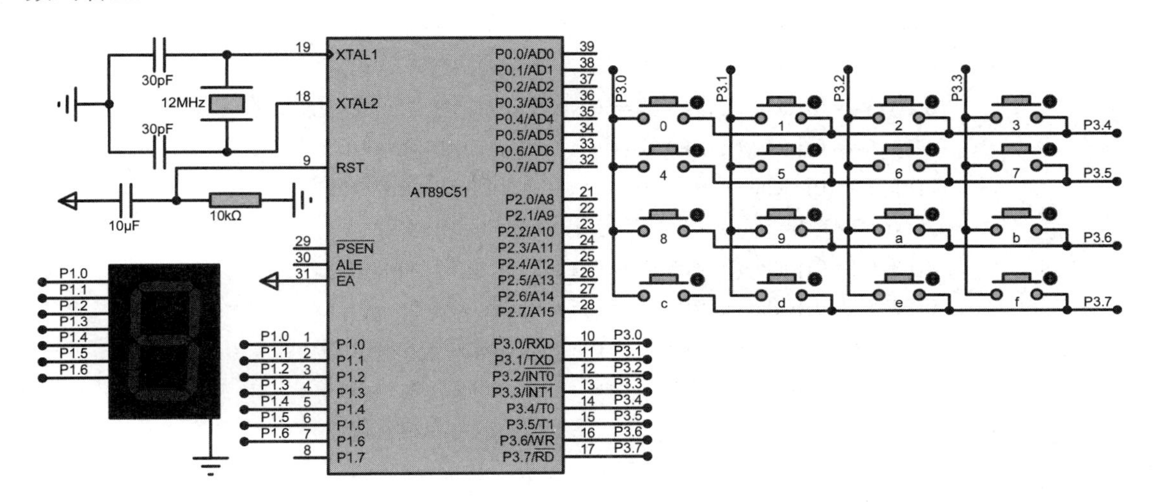

图 4.15　硬件电路设计图

相关的程序如下：

```
#include <REGX51.H>
unsigned char num[] = {0x3f, 0x06, 0x5b, 0x4f, 0x66, 0x6d, 0x7d, 0x07,
0x7f, 0x6f, 0x77, 0x7c, 0x39, 0x5e, 0x79, 0x71}; //数码管代码表
void delay()                                              //延时程序，用于按键防抖
{
    unsigned int a = 10000;
    while(a--);
}
void main()
{
    unsigned char i;                                      //定义 i，用于计算按键值
  while(1)
  {
        P1 = num[i];                                      //用 P1 显示按键值
        P3 = 0xff; P3_0 = 0;                              //扫描第一列
        if(P3_4 == 0){delay(); if(P3_4 == 0) i = 0; while(P3_4==0); }   //扫描第一列第一行
```

```
            if(P3_5 == 0){delay(); if(P3_5 == 0) i = 4; while(P3_5==0); }       //扫描第一列第二行
            if(P3_6 == 0){delay(); if(P3_6 == 0) i = 8; while(P3_6==0); }       //扫描第一列第三行
            if(P3_7 == 0){delay(); if(P3_7 == 0) i =12; while(P3_7==0); }       //扫描第一列第四行
            P3=0xff; P3_1=0;                                                     //扫描第二列
            if(P3_4 == 0){delay(); if(P3_4 == 0) i = 1; while(P3_4 == 0); }
            if(P3_5 == 0){delay(); if(P3_5 == 0) i = 5; while(P3_5 == 0); }
            if(P3_6 == 0){delay(); if(P3_6 == 0) i = 9; while(P3_6 == 0); }
            if(P3_7 == 0){delay(); if(P3_7 == 0) i =13; while(P3_7 == 0); }
            P3=0xff; P3_2=0;                                                     //扫描第三列
            if(P3_4 == 0){delay(); if(P3_4 == 0) i = 2; while(P3_4 == 0); }
            if(P3_5 == 0){delay(); if(P3_5 == 0) i = 6; while(P3_5 == 0); }
            if(P3_6 == 0){delay(); if(P3_6 == 0) i = 10; while(P3_6 == 0); }
            if(P3_7 == 0){delay(); if(P3_7 == 0) i = 14; while(P3_7 == 0); }
            P3=0xff; P3_3 = 0;                                                   //扫描第四列
            if(P3_4 == 0){delay(); if(P3_4 == 0) i = 3; while(P3_4 == 0); }
            if(P3_5 == 0){delay(); if(P3_5 == 0) i = 7; while(P3_5 == 0); }
            if(P3_6 == 0){delay(); if(P3_6 == 0) i =11; while(P3_6 == 0); }
            if(P3_7 == 0){delay(); if(P3_7 == 0) i =15; while(P3_7 == 0); }
        }
    }
////////////////////////////////////////////////////////////////////////////////////////////////////////
```

上述程序中对行的扫描程序与独立键盘程序相同，相当于程序中四条行扫描程序也可以用 switch 语句实现，这里留给大家思考。

4.7　LED 点阵显示驱动

LED 点阵显示器由很多发光二极管按照矩阵方式排列组成，通过控制内部发光二极管的发光来显示由不同发光点组成的各种字符或图形。LED 点阵有 5×7 结构、8×8 结构、16×16 结构等。

以 8×8 LED 点阵为例，其内部结构如图 4.16 所示，其由 8 行和 8 列 LED 构成，行线和列线的交叉点上有一个 LED，总共有 64 个 LED，LED 的正极和负极分别接在行线和列线上，一共有 16 个引脚。其中，8 根行线用 R1 至 R8 表示，8 根列线用 C1 至 C8 表示。如果要点阵中某个 LED 点亮，则需要对应的行输出高电平，对应的列输出低电平。如果要点亮最左下角的 LED，则需让 R8=1，C1=0；如当 R3=1，C6=0 时，则跨接在第 3 行第 6 列的 LED 被点亮。

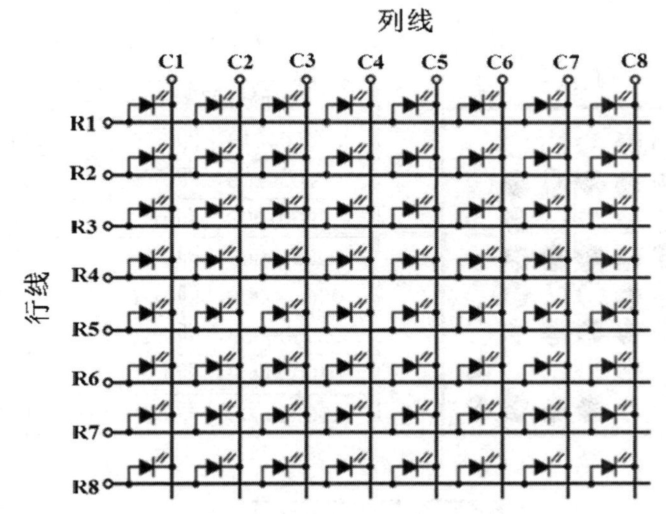

图 4.16　8 × 8 LED 点阵的内部结构图

如果要同时点亮点阵中的多个 LED，通常采用动态扫描显示方式。动态扫描可分为逐行扫描和逐列扫描。以 8×8 LED 点阵为例，逐行扫描是指先从第 1 行到第 8 行，一行一行来显示，具体过程是先显示第 1 行 8 个点的状态，其他 7 行熄灭，延时一段时间；之后再显示第 2 行，其他 7 行熄灭，同样也延时一段时间；接下来依次扫描其余的行，8 行扫描完成一遍之后，继续从第 1 行开始扫描，不断循环这个过程。其中，延时时间为每一行显示的时间，当行与行之间延时的时间足够短时，由于人眼的视觉暂留效应，给人感觉 LED 是同时显示的，这样就可以看到点阵显示屏上显示的字符或图形是完整的。以上就是逐行扫描方式，逐列扫描方式与其类似。需要注意的是，行与行延时的时间不能太短或者太长，太短时亮度不够，太长时会感到闪烁，通常为 1～2 ms，这样就可以保证扫描 8 行所用的时间之和在 20 ms 内。

16×16 LED 点阵显示器的内部结构和显示原理与 8×8 LED 点阵显示器类似，只不过其是由 4 个 8×8 LED 点阵组成的，行数和列数均是 16。

由于单片机引脚的驱动能力有限，LED 点阵与单片机连接时需要加驱动电路，可以在 LED 点阵的行线上再串接一个 74HC245 驱动芯片。此外，为了防止点阵内部的 LED 被烧坏，在 LED 点阵与单片机连接时需要在行线或列线上加限流电阻。

【例 4. 13】硬件电路如图 4.17 所示，设计 8 × 8 LED 点阵显示程序：让 LED 点阵显示“电”字。在图 4.17 中，8 × 8 LED 点阵显示器的行线接在单片机的 P1 口，每条列线通过一个 300 Ω 限流电阻接在单片机的 P2 口，要在显示屏上显示的“电”字，可采用逐行动态扫描的方法。根据想要点阵显示的“电”字，先在位置分布图上画出点亮点和熄灭点，之后根据画好的分布图和硬件电路，把每一行每一列对应的数据列出来，比如扫描第 1 行时，行数据最低位为 1，其他位为 0，则二进制数为 00000001 即 0x01，其他行以此类推；对于列的数据，关于第 1 行，只需第 1 行第 4 列的 LED 点亮，其他不亮，亮的列为 0，不亮的列为 1，则列数据为 11101111 即 0xef，其他列以此类推。表 4.4 列出了 8 × 8 LED 点阵显示“电”字的行线和列线编码(8 × 8 LED 点阵在 Proteus 库中的元件名为 MATRIX-8×8-GREEN)。

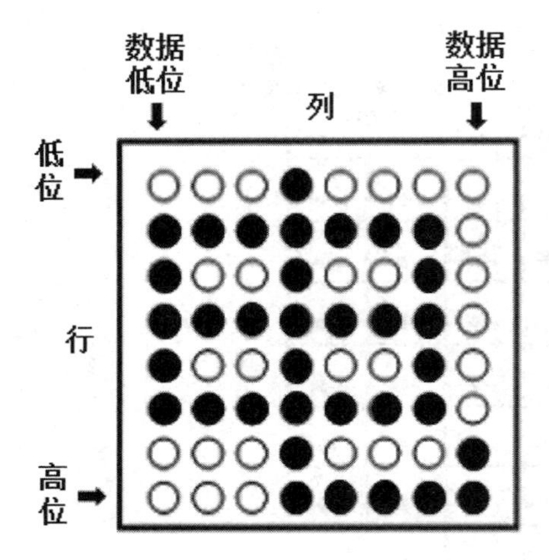

表4.4　8×8LED点阵显示“电”字的行线和列线编码

行线编码	列线编码
00000001B，即0x01	11101111B，即0xef
00000010B，即0x02	00000001B，即0x01
00000100B，即0x04	01101101B，即0x6d
00001000B，即0x08	00000001B，即0x01
00010000B，即0x10	01101101B，即0x6d
00100000B，即0x20	00000001B，即0x01
01000000B，即0x40	11101110B，即0xee
10000000B，即0x80	11100000B，即0xe0

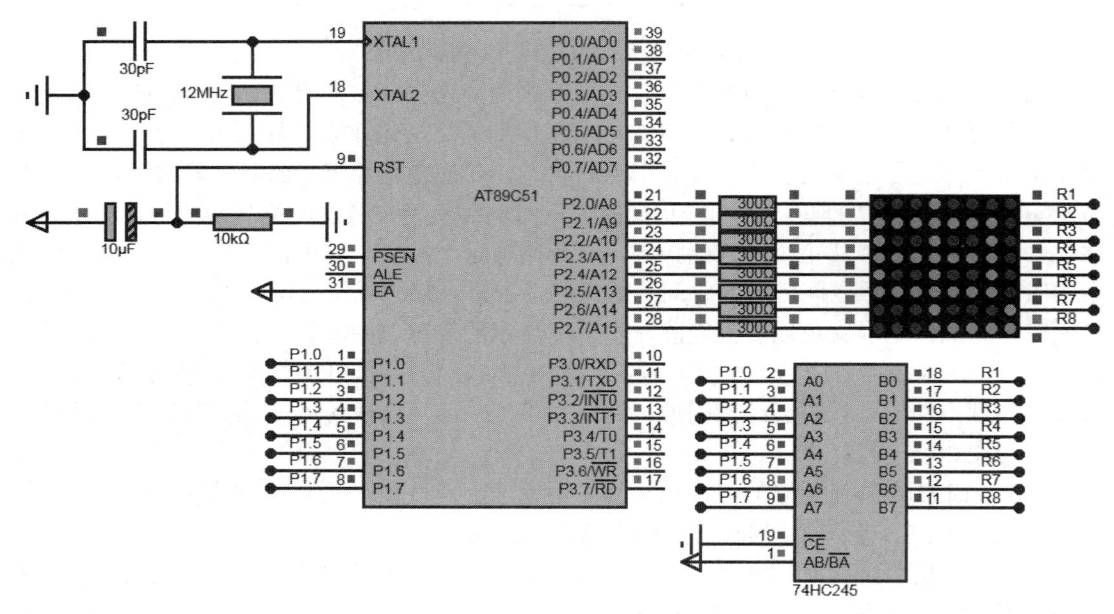

图 4.17　8×8 LED 点阵硬件电路

相应的程序如下：

```
#include<REGX51.H>
void delayms(unsigned int num)     //延时函数
{
  unsigned int i,j;
  for(i=num;i>0;i--)
        for(j=120;j>0;j--);
}
void main()
{
```

```
    while(1)
    {
        P1=0x01;        //显示第 1 行
        P2=0xef;
        delayms(1);
        P1=0x02;        //显示第 2 行
        P2=0x01;
        delayms(1);
        P1=0x04;        //显示第 3 行
        P2=0x6d;
        delayms(1);
        P1=0x08;        //显示第 4 行
        P2=0x01;
        delayms(1);
        P1=0x10;        //显示第 5 行
        P2=0x6d;
        delayms(1);
        P1=0x20;        //显示第 6 行
        P2=0x01;
        delayms(1);
        P1=0x40;        //显示第 7 行
        P2=0xee;
        delayms(1);
        P1=0x80;        //显示第 8 行
        P2=0xe0;
        delayms(1);
    }

}
```

【例 4. 14】 例 4.13 的程序也可以用调用数组的方法来实现。只要把行线编码的值存放在数组 row_num[]中，列线编码的值存放在数组 col_num[]中，并按顺序调用即可。

相应的程序如下：

```
#include<REGX51.H>
void delayms(unsigned int num)     //延时函数
{
  unsigned int i,j;
  for(i=num;i>0;i--)
        for(j=120;j>0;j--);
}
```

```
unsigned char code row_num[]={0x01,0x02,0x04,0x08,0x10,0x20,0x40,0x80};
                                                    //行线编码
unsigned char code col_num[]={0xef,0x01,0x6d,0x01,0x6d,0x01,0xee,0xe0};
                                                    //"电"字的列线编码
void main()
{
  unsigned char t;                  //定义变量 t
  while(1)
  {
       for(t=0;t<8;t++)
       {
            P1=row_num[t];         //行线编码送给 P1 口
            P2=col_num[t];         //列线编码送给 P2 口
            delayms(1);            //延时约 1ms
            P2=0xff;               //关显示
       }
  }
}
```

当移动显示屏要显示较多内容时，就需要更多的 LED 点阵显示器，显然这需要占用更多的单片机 I/O 口，但单片机的 I/O 口数量有限，此时就需要考虑用串/并转换芯片来扩展引脚，如 74HC595，它的作用就是把串行的信号转换为并行的信号。74HC595 只使用单片机的 3 个 I/O 口就可以得到 8 位并行的输出，且其还具有一定的驱动能力。

【例 4.15】硬件电路如图 4.18 所示，设计 8 × 8 LED 点阵显示程序：让 LED 点阵从下往上依次移动显示“I❤U1314”。本例中使用到 74HC595 来驱动点阵显示器的列信号（8×8 LED 点阵在 Proteus 库中的元件名为 MATRIX-8 × 8-GREEN）。

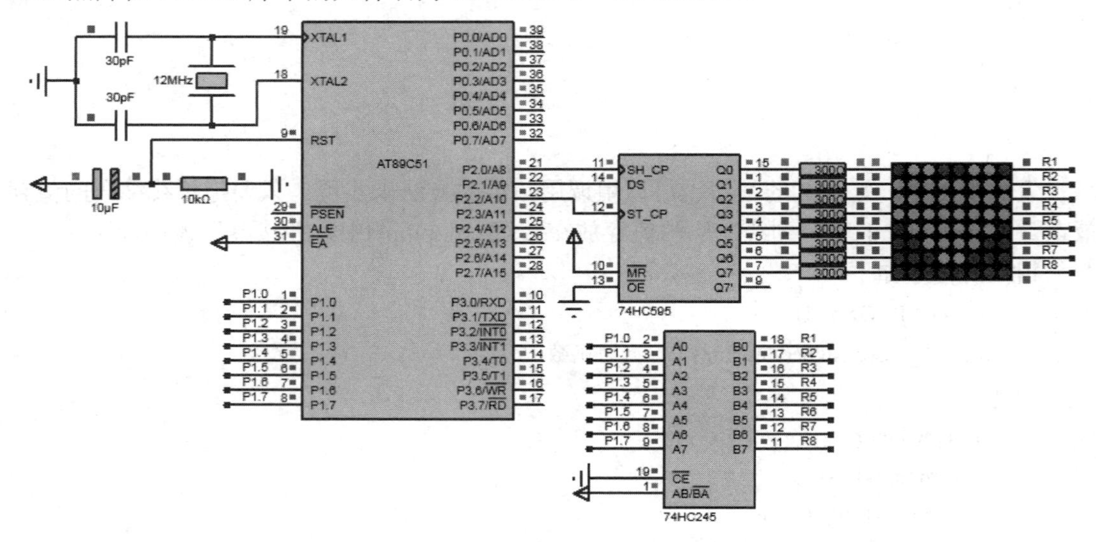

图 4.18　加上 74HC595 芯片的 8×8 LED 点阵硬件电路

相应的程序如下：

```
#include<REGX51.H>
#define uchar unsigned char
#define uint unsigned int
sbit SH_CP=P2^0;
sbit DS=P2^1;
sbit ST_CP=P2^2;
uchar code row_num[]={0x01,0x02,0x04,0x08,0x10,0x20,0x40,0x80};          //行线编码
uchar code col_num[]={0xff,0xc3,0xe7,0xe7,0xe7,0xe7,0xe7,0xc3,          //I
                      0xff,0x99,0x00,0x00,0x00,0x81,0xc3,0xe7,          //❤
                      0xff,0x99,0x99,0x99,0x99,0x99,0x81,0xc3,          //U
                      0xff,0xe7,0xc7,0xe7,0xe7,0xe7,0xe7,0xc3,          //1
                      0xff,0x87,0xf3,0xf3,0xc7,0xf3,0xf3,0x87,          //3
                      0xff,0xe7,0xc7,0xe7,0xe7,0xe7,0xe7,0xc3,          //1
                      0xff,0xf3,0xe3,0xd3,0xb3,0x81,0x81,0xf3};         //4
void delayms(uint num)                                                  //延时函数
{
        uint i,j;
        for(i=num;i>0;i--)
            for(j=120;j>0;j--);
}
void HC595SendData(uchar BT0)
{
  uchar i;
  for(i=0;i<8;i++)                                                      //发送第一个字节
  {
        DS=BT0>>7;                                                      //从高位到低位
        BT0<<=1;
        SH_CP=0;
        SH_CP=1;
  }
  ST_CP=0;
  ST_CP=1;
  ST_CP=0;
}
void main()
{
  uint t,j,k,n;
  while(1)
```

```
        {
            for(k=0;k<56;k++)                    //显示滚动行数控制变量
            {
                for(n=0;n<50;n++)               //每个字符扫描显示 50 次，控制每个字符显示时间
                {
                    j=k;
                    for(t=0;t<8;t++)
                    {
                        P1=row_num[t];                   //行线编码送给 P1 口
                        HC595SendData(col_num[j]);       //列线编码送给 P2 口
                        delayms(2);
                        HC595SendData(0xff);             //关显示
                        j++;                             //指向数组中下一个显示码
                        if(j>55)j=j-56;                  //如果列线编码显示完回到初始
                    }
                }
            }
        }
    }
```

习　　题

1. 设计一个 16 位的流水灯控制程序，要求流水灯有 3 种模式。

2. 采用 2 位动态显示模式设计一个 8 人抢答器。要求在 10 秒倒计时后进入抢答模式，在确认后进行下一次抢答。

3. 采用矩阵键盘设计一个密码锁，当密码正确时 LED 闪烁 5 次后熄灭。

第 5 章　单片机中断系统

中断的定义：单片机在执行 main 函数时，若系统出现随机产生的突发事件，则单片机将暂停 main 函数的程序转而去处理突发事件，处理完后再返回到刚才暂停的位置继续执行 main 函数中的程序。

5.1　中断系统总框架

中断系统总框架如图 5.1 所示，中断系统由 4 部分组成：中断源、中断请求标志位、中断控制位和中断优先级控制位。51 系列单片机的 5 个中断源分别是外部中断 0($\overline{\text{INT0}}$)、定时/计数器 0($\overline{\text{T}}$/C0)、外部中断 1($\overline{\text{INT1}}$)、定时/计数器 1($\overline{\text{T}}$/C1)、串行口中断(TXD、RXD)；中断请求标志位由 IE0、TF0、IE1、TF1、TI 和 RI 组成；中断控制位由 EA、EX0、ET0、EX1、ET1、ES 组成；中断优先级控制位由 PX0、PT0、PX1、PT1、PS 组成。

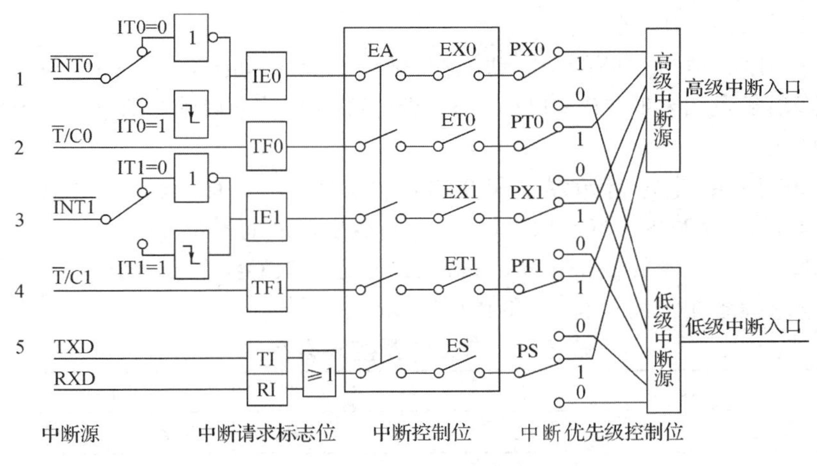

图 5.1　中断系统总框架

1. 中断源

中断源是引起中断的原因和申请中断的来源。51 系列单片机有 2 个外部中断、2 个定时/计数器中断和 1 个串行口中断。

(1) 外部中断 0($\overline{\text{INT0}}$)和外部中断 1($\overline{\text{INT1}}$)：分别由 P3.2、P3.3 输入；有下降沿、低电平两种触发方式，分别由 IT0 和 IT1 控制。

(2) 定时/计数器 0($\overline{\text{T}}$/C0)和定时/计数器 1($\overline{\text{T}}$/C1)：定时方式时由单片机晶振分频和定时模式及初值决定定时的时间；计数方式时由 P3.4 和 P3.5 输入计数脉冲。

(3) 串行口中断(TXD、RXD)：串行口中断来源有两个，分别是接收中断 RXD 和发送中断 TXD，它们分别从 P3.0 和 P3.1 输入和输出。

2. 中断请求标志位

为了便于判断中断的来源，可以通过查询中断请求标志位来确认。C51 系列单片机是通过 TCON、SCON 来查询的，下面将进一步说明。

(1) TCON：定时器/计数器的控制寄存器，如表 5.1 所示(可位寻址)。

表 5.1　定时器/计数器的控制寄存器

	7	6	5	4	3	2	1	0
TCON	TF1	TR1	TF0	TR0	IE1	IT1	IE0	IT0

① TF1 和 TF0：定时器/计数器溢出中断请求标志位。THx、TLx(THx 和 TLx 是定时/计数器的初值寄存器，x 代表定时/计数器 0 或 1 编号)从初值加“1”计数，直至计数器全满产生溢出时，TFx 自动为 1。此时可通过中断法或查询法检测 TFx 位。若 ETx = 1、EA = 1，即可向单片机请求中断。单片机响应中断后，TFx 由硬件自动清零。若 ETx、EA 中有一个不为 1，则不能响应中断，只能查询 TF1 位。

② IT1 和 IT0：外部中断的触发方式选择位。ITx = 0，外部中断的中断请求信号为低电平触发。当单片机检测到 P3.2(外部中断 0)、P3.3(外部中断 1)引脚的输入信号为低电平时，置位 IEx；当 P3.2、P3.3 输入信号为高电平时，IEx 自动清零。IT1 = 1，外部中断请求信号为下降沿触发。连续两个机器周期先检测到高电平后检测到低电平时，置位 IEx；执行中断服务函数后，IEx 自动清零。

③ IE1 和 IE0：外部中断的中断请求标志位。外部中断(P3.2 或 P3.3)输入引脚有低电平触发或下降沿触发信号时，IEx 自动为 1。若外部中断是开启的，则单片机响应外部中断的中断服务请求。

④ TR1 和 TR0：定时/计数器 1 和 0 的启动控制位。只有 TRx = 1 才有机会开启相应的定时/计数器，此后 THx、TLx 加“1”计数到溢出，从而置位 TFx。

(2) SCON：串口中断控制寄存器，如表 5.2 所示。SCON 主要用于串行口的模式控制，这里与中断请求标志相关的只有 TI 和 RI(可位寻址)。

表 5.2　串口中断控制寄存器

	7	6	5	4	3	2	1	0
SCON	SM0	SM1	SM2	REN	TB8	RB8	TI	RI

① TI：串行口发送完中断标志位。当单片机将一个数据写入串行口发送缓冲区 SBUF 后，启动发送。每发送完一个串行帧，由硬件置位 TI。此时，若 ES = 1、EA = 1，则单片机响应串行口发送中断请求；若 EA、ES 中有一个不为 1，则不允许中断，此时只能通过查询方式判断发送结束。

② RI：串行口接收完中断标志位。当允许串行口接收数据时，每接收完一个串行帧，由硬件置位 RI。若 EA = 1、ES = 1，则单片机响应串行口接收中断请求；若 EA、ES 中有一个不为 1，则不允许中断，此时只能通过查询方式判断接收结束。

3. 中断使能寄存器 IE

IE 为单片机中断的使能控制寄存器。中断使能开关分为两级：第 1 级为总开关 EA，用于所有中断的控制；第 2 级为分级开关，分别对单片机的 5 个中断源进行控制。

中断使能寄存器 IE 如表 5.3(可位寻址)所示。

表 5.3　中断使能寄存器 IE

	7	6	5	4	3	2	1	0
IE	EA			ES	ET1	EX1	ET0	EX0

(1) EA：使能所有中断的总开关。

若 EA = 0，所有中断请求均被禁止；

若 EA = 1，是否允许中断由各个中断控制寄存器决定。

(2) 外部中断 0 控制位 EX0。

若 EX0 = 1，允许外部中断 0 申请中断；

若 EX0 = 0，禁止外部中断 0 申请中断。

(3) 外部中断 1 控制位 EX1。

若 EX1 = 1，允许外部中断 1 申请中断；

若 EX1 = 0，禁止外部中断 1 申请中断。

(4) 定时器/计数器 0 中断控制位 ET0。

若 ET0 = 1，允许定时器/计数器 0 申请中断；

若 ET0 = 0，禁止定时器/计数器 0 申请中断。

(5) 定时器/计数器 1 中断控制位 ET1。

若 ET1 = 1，允许定时器/计数器 1 申请中断；

若 ET1 = 0，禁止定时器/计数器 1 申请中断。

(6) 串行口中断控制位 ES。

若 ES = 1，允许串行口申请中断；

若 ES = 0，禁止串行口申请中断。

4. 中断优先级控制位 IP

C51 的 5 个中断源有默认的中断优先级别，从高到低分别为：外部中断 0、定时/计数器 0、外部中断 1、定时/计数器 1、串行口中断。当单片机同时收到几个中断请求时，首先响应优先级高的中断请求；正在进行的中断服务程序可以被高优先级中断请求中断，但不被低优先级中断请求中断。如图 5.1 中断系统总框架中的中断优先级有两个，可以用软件设置中断优先级别。表 5. 4 为中断优先级控制位 IP(可位寻址)。

表 5.4　中断优先级控制位 IP

	7	6	5	4	3	2	1	0
IP				PS	PT1	PX1	PT0	PX0

(1) 外部中断 0 优先级控制位 PX0。

若 PX0 = 1，外部中断 0 被设定为高优先级中断；

若 PX0 = 0，外部中断 0 被设定为低优先级中断。

(2) 外部中断 1 优先级控制位 PX1。

若 PX1 = 1，外部中断 1 被设定为高优先级中断；

若 PX1 = 0，外部中断 1 被设定为低优先级中断。

(3) 定时器/计数器 0 中断优先级控制位 PT0。

若 PT0 = 1，定时器/计数器 0 被设定为高优先级中断；

若 PT0 = 0，定时器/计数器 0 被设定为低优先级中断。

(4) 定时器/计数器 1 中断优先级控制位 PT1。

若 PT1 = 1，定时器/计数器 1 被设定为高优先级中断；

若 PT1 = 0，定时器/计数器 1 被设定为低优先级中断。

(5) 串行口中断优先级控制位 PS。

若 PS = 1，串行口中断被设定为高优先级中断；

若 PS = 0，串行口中断被设定为低优先级中断。

5.2 中断服务函数

中断服务函数是指当中断源申请中断后，单片机中断 main 函数的程序转而去执行的函数。中断服务函数优先于 main 函数。

中断服务函数的格式如下：

```
void   函数名(void) interrupt  中断编号  using  工作寄存器组编号
{
  中断服务程序
}
```

其中：中断编号如表 5.5 中所示，是 C51 语句为方便使用而对中断源进行的编号。工作寄存器组编号从 0～2 任选。

表 5.5　中 断 编 号

中断编号	中　断　源
0	外部中断 0
1	定时/计数器 0
2	外部中断 1
3	定时/计数器 1
4	串口中断

【例 5.1】 编写一个外部中断 0 的中断服务函数，在外部中断 0 服务函数中，P2.7 取反。

```
void INT_0(void) interrupt 0 using 0
{
    P2_7 =! P2_7;
}
```

中断服务函数编写时应特别注意以下几点：

(1) 中断服务函数优先于 main 函数，不能直接被 main 函数调用，否则将导致编译错误。

(2) 中断服务函数没有返回值，应将中断服务函数定义为 void 类型。

(3) 中断服务函数为无参函数，即中断服务函数不能有传参列表，否则将导致编译错误。

(4) 中断服务函数只识别中断编号，不识别中断服务函数名。因此函数名只要符合命名规则即可，但中断编号必须一一对应。

(5) 若中断服务函数中调用了其他函数，则被调用函数使用的寄存器组编号必须与中断函数相同，也就是 using 后面的数字必须一样。

(6) 中断服务函数使用浮点运算时，要保存浮点寄存器的状态。

5.3 外部中断

51 系列单片机有两个外部中断：外部中断 0 和外部中断 1，输入引脚分别是 P3.2 和 P3.3。从中断系统总框架图 5.1 可看到外部中断的触发方式有两种：下降沿触发和低电平触发。当设为低电平触发时(ITx = 0)，单片机在每个机器周期都检查中断源引脚，只要有低电平，则中断请求标志位置位，向 CPU 申请中断；当设为下降沿触发时(ITx = 1)，若单片机在上一机器周期检测到中断源引脚为高电平，下一机器周期检测到低电平，则置位中断请求标志位，向 CPU 申请中断。

1. 与外部中断相关的特殊寄存器

与外部中断相关的特殊寄存器如表 5.6 所示，当对外部中断进行初始化和编写中断服务函数时，这些特殊寄存器都需要考虑。

表 5.6　与外部中断相关的特殊寄存器

序　号	寄存器	功　能
1	IT0、IT1	设置外部中断触发方式：0 为低电平，1 为下降沿触发
2	EX0、EX1	使能外部中断：0 为关断，1 为开启
3	IE0、IE1	外部中断的中断请求标志位：1 为有中断请求
4	PX0、PX1	外部中断的优先级设置：0 为默认级，1 为高优先级
5	EA	所有中断的总开关：0 为关断，1 为开启

2. 外部中断初始化

在开启任何中断前都必须对中断做相应的设置，外部中断只需设置与外部中断相关的寄存器即可。

【例 5.2】 开启外部中断 0，设置其为下降沿触发，采用默认优先级。

```
void INIT(void)
{
```

```
    IT0 = 1;                //设置外部中断 0 为下降沿触发
    EX0 = 1;                //使能外部中断 0
    PX0 = 0;                //可以省略，默认为 0
    EA = 1;                 //开启总中断
}
```

【例 5.3】 开启两个外部中断，设置外部中断 0 为低电平触发，外部中断 1 为下降沿触发，且外部中断 1 的优先级比外部中断 0 的优先级高。

```
void INIT(void)
{
    IT0 = 0; IT1 = 1;
    EX0 = 1; EX1 = 1;
    PX0 = 0; PX1 = 1;
    EA = 1;
}
```

3. 外部中断服务函数

中断服务函数在 5.2 节已介绍过，不同的中断服务函数只要满足中断编号对应、函数名合法，其他的规则都大同小异。

【例 5.4】 硬件电路如图 5.2 所示，此硬件电路中 P3.2 接按键模拟外部中断 0 的中断源。因为外部中断触发方式只有两种：低电平触发、下降沿触发，所以按键的一端必须接地。

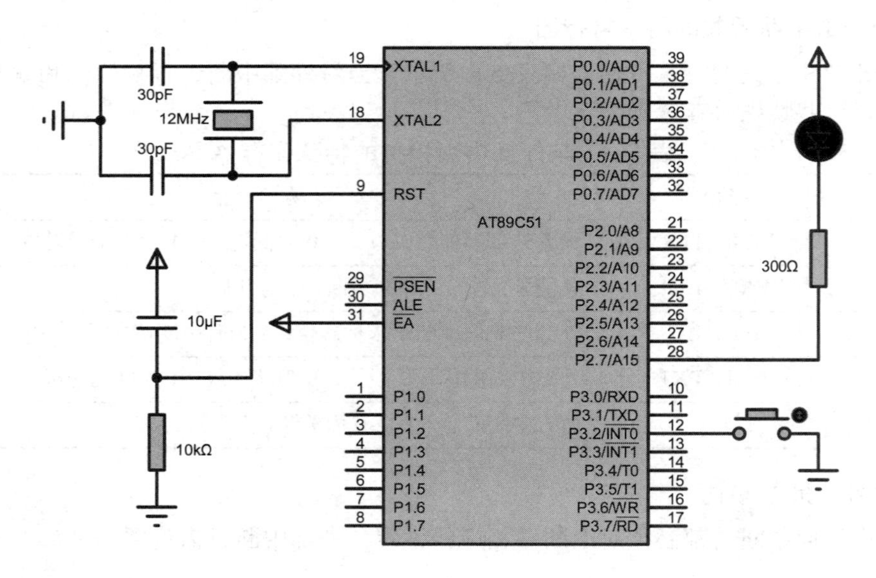

图 5.2　外部中断的电路图

设计一个程序通过外部中断 0 控制 P2.7 取反。综合例 5.1 的中断服务函数和例 5.2 的中断初始化，编写程序如下：

```
#include <REGX51.H>
void INIT(void)                              //外部中断开启步骤有 4 条
{
  IT0 = 1;                                   //设置外部中断 0 为下降沿触发
  EX0 = 1;                                   //使能外部中断 0
  PX0 = 0;                                   //可以省略，默认为 0
  EA = 1;                                    //开启总中断
}
void main( )
{
    INIT( );                                 //调用 INIT 函数
    while(1);
}
void INT_0(void) interrupt 0 using 0         //外部中断 0 中断服务函数
{
    P2_7 =! P2_7;                            //P2.7 取非
}
////////////////////////////////////////////////////////////////////////////////////////////////////////
```

上述程序中：

(1) 在 main 函数中调用 INIT 函数初始化外部中断 0。

(2) 在 main 函数中并没有调用 INT_0 外部中断 0 服务函数，因为中断函数不可调用。

(3) main 函数调用的 INIT 函数执行完后，单片机进入 while(1)死循环。

(4) 外部中断 0 的中断服务函数在 interrupt 后的数字必须为对应的中断编号。

(5) 若开启多个中断，就必须编写多个中断的初始化函数和中断服务函数。

5.4　定时/计数器工作原理

在现实中，常对转速、流量、位移等进行测量，这些测量一般通过传感器转化为脉冲信号，这时就要用到定时/计数器。51 系列单片机至少有两个 16 位的定时/计数器。如图 5.3 所示，可以通过编程使其工作在定时状态或计数状态。

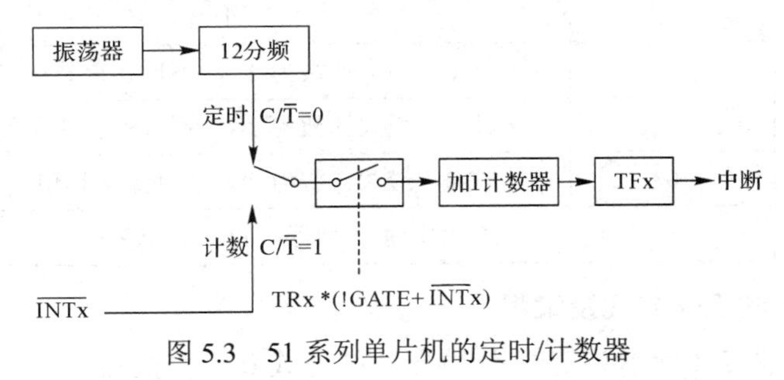

图 5.3　51 系列单片机的定时/计数器

定时器是以内部晶振分频后的时钟脉冲为基准的。计数则是通过单片机的 P3.4 和 P3.5 引脚获得外部脉冲信号。由此可见，定时/计数器的本质其实是计数器。

(1) 当作定时器使用时：定时器对晶振 12 分频后的脉冲计数。若晶振采用 12 MHz，12 分频后为 1 MHz(1 μs)，计数多少个脉冲就是多少 μs。

(2) 当作计数器使用时：计数器对单片机的 P3.4、P3.5 的脉冲进行加 1 计数。理论上 51 系列单片机可计数脉冲最高频率为 500 kHz。

1. 与定时/计数器相关的特殊寄存器

与定时/计数器相关的特殊寄存器如表 5.7 所示，当对定时/计数器进行初始化和编写中断服务函数时，这些特殊寄存器都要考虑。

表 5.7　与定时/计数器相关的特殊寄存器

序号	寄存器	功　　能
1	TMOD	定时/计数器的工作模式寄存器
2	TR0、TR1	定时/计数器的启动标志位
3	ET0、ET1	定时/计数器中断使能：0 为关断，1 为开启
4	TH0、TL0、TH1、TL1	定时/计数器初值寄存器
5	TF0、TF1	定时/计数器的中断请求标志位：1 为有中断请求
6	PT0、PT1	定时/计数器的优先级设置：0 为默认级，1 为高优先级
7	EA	所有中断的总开关：0 为关断，1 为开启

定时/计数器模式控制寄存器如表 5.8 所示，TMOD(不可位寻址)的高四位用于对定时/计数器 1 进行设置，低四位用于对定时/计数器 0 进行设置。

表 5.8　定时/计数器模式控制寄存器

TMOD	GATE	$C/\overline{T}$	M1	M0	GATE	$C/\overline{T}$	M1	M0
	定时/计数器 1				定时/计数器 0			

(1) 当 GATE 等于 1 时，定时/计数器的启动需要 TRx = 1 和 $\overline{INTx}$ 引脚为高电平。
当 GATE 等于 0 时，定时/计数器的启动只需 TRx = 1，一般都采用此模式。

(2) $C/\overline{T}$：等于 0 时单片机工作于定时器模式，等于 1 时工作于计数器模式。

(3) M1、M0：为单片机定时/计数器的工作方式选择位，如表 5.9 所示。

表 5.9　单片机定时/计数器的工作方式选择位

M1	M0	工 作 方 式
0	0	方式 0，最大计数为 2^{13}，不自动重装初值
0	1	方式 1，最大计数为 2^{16}，不自动重装初值
1	0	方式 2，最大计数为 2^{8}，自动重装初值
1	1	TL0 为定时/计数器，TH0 只能定时

2. 定时/计数器的工作方式及编程

(1) 方式 0，如图 5.4 所示为定时/计数器 0 的方式 0 工作框图。

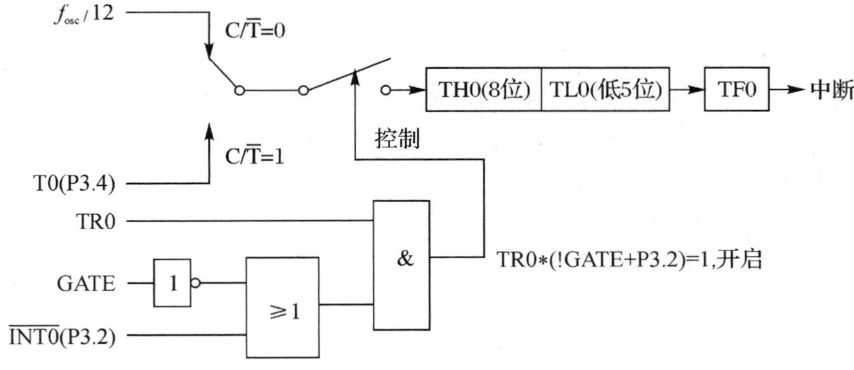

图 5.4　定时/计数器 0 的方式 0 工作框图

① 当 TMOD 中的 M1 = 0、M0 = 0 时：单片机定时/计数器 0 工作于方式 0。

方式 0 中定时/计数器的初值为 13 位，即 THx 提供高 8 位，TLx 提供低 5 位。

② 当定时/计数器工作于定时模式时：

$THx=(2^{13}-X/(12/fosc))/32$;

$TLx=(2^{13}-X/(12/fosc))\%32$;

X 为定时时间，即 X μs 后定时/计数器溢出。

③ 当定时/计数器工作于计数模式时：

$THx=(2^{13}-X)/32$;

$TLx=(2^{13}-X)\%32$;

X 为脉冲个数，即 X 个脉冲后定时/计数器溢出。

④ 上述公式 X 对 32 求整求余，其实是将 X 转化成二进制，取其高 8 位给 THx，低 5 位给 TLx。

【例 5.5】 硬件电路如图 5.5 所示(晶振 12 MHz)，此时定时/计数器可定时最大时间为 8192 μs，计数脉冲为 8192 个。现设置定时/计数器 0 工作于方式 0，定时 1 ms，让 P1.0 产生 2 ms 周期的方波。

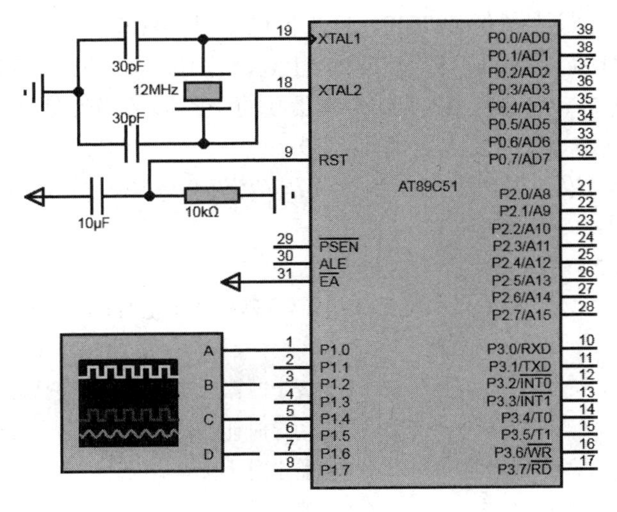

图 5.5　定时/计数器电路图

初值计算：

$12/f_{osc}=1$；1 ms = 1000 μs；

TH0 = (8192 − 1000)/32；TL0 = (8192 − 1000)%32；

或：　TH0 = (8192 − 1000) >> 5；TL0 = (8192 − 1000)；

或：　TH0 = 0xe0；TL0 = 0x18。

采用查询定时/计数器0的溢出标志位的方法编程：

```
#include <REGX51.H>
void INIT( )
{
    TMOD = 0x00;                    //设置定时器为定时模式，方式 0
    TR0 = 1;
    TH0 = (8192-1000)/32;
    TL0 = (8192-1000)%32;
}
void main( )
{
    INIT( );                        //调用 INIT 函数，初始化中断
    while(1)
    {
        TH0 = (8192-1000)/32;
        TL0 = (8192-1000)%32;       //初值重装
        while(!TF0); TF0 = 0;       //等待 TF0 = 1
        P1_0 =! P1_0;               //取非 P1.0；产生方波
    }
}
```

采用查询法，只需最少条件让TH0、TL0自加1，即TR0 = 1，GATE = 0。此后，TH0、TL0从初值自加到8192溢出后，置位TF0。上述程序中采用while(!TF0)等待TF0为1后程序才往下执行，但TF0只有执行定时/计数器0的中断服务函数后才会自动清零，而程序中断没有中断服务函数，所以要人为清零TF0。

///

采用中断法编程：

```
#include <REGX51.H>
void INIT( )                        //定时/计数器初始化的 6 条程序
{
    TMOD = 0x00;                    //设置定时器为定时模式，方式 0
    TR0 = 1;                        //启动定时计数器
    ET0 = 1;                        //使能定时/计数器中断
    TH0 = (8192-1000) >> 5;         //初值计数
```

```
    TL0 = (8192-1000);
    EA = 1;                              //中断总开关
}
void main( )
{
    INIT( );                             //调用 INIT 函数，初始化中断
    while(1);
}
void Timer0 ( ) interrupt 1              //定时/计数器 0 中断服务函数
{
     TH0 = (8192-1000) >> 5;
     TL0 = (8192-1000);                  //初值重装
     P1_0 =! P1_0;                       //取非 P1.0；产生方波
}
```

采用中断法时，初始化定时/计数器的程序有 6 条。此时必须使能定时/计数器中断和中断总开关。Timer0 函数并没有在 main 函数中出现，因为中断函数比 main 函数高级而不被其调用；Timer0 函数仅做重装初值和取非 P1.0 两件事。

//

(2) 方式 1，如图 5.6 所示为定时/计数器 0 的方式 1 工作框图。

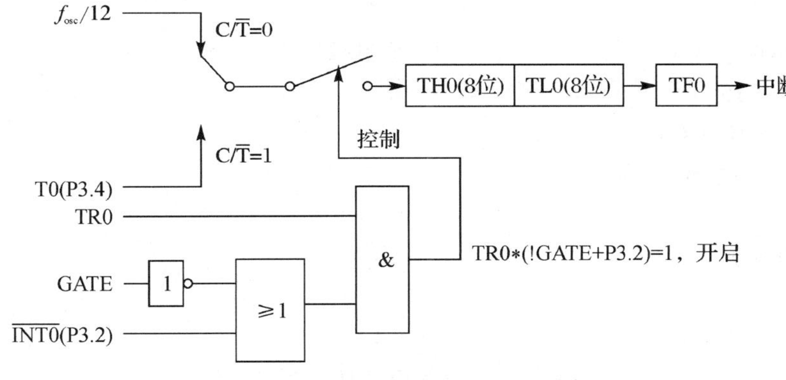

图 5.6　定时/计数器 0 的方式 1 工作框图

① 当 TMOD 中的 M1 = 0、M0 = 1 时：单片机定时/计数器工作于方式 1。

方式 1 中定时/计数器的初值为 16 位，即 THx 提供高 8 位，TLx 提供低 8 位。

② 当定时/计数器工作于定时模式时：

$THx = (2^{16} - X/(12/f_{osc}))/256$；

$TLx = (2^{16} - X/(12/ f_{osc}))\%256$；

X 为定时时间，即 X μs 后定时/计数器溢出。

③ 当定时/计数器工作于计数模式时：

$THx = (2^{16} - X)/256$；$TLx = (2^{16} - X)\%256$；

X 为脉冲个数，即 X 个脉冲后定时/计数器溢出。

【例 5.6】 硬件电路如图 5.5 所示(晶振 12 MHz)，此时定时/计数器可定时最大时间为 65 536 μs，计数脉冲为 65 536 个。现设置定时/计数器 0 工作于方式 1，定时 10 ms，让 P1.0 产生 200 ms 周期的方波。

初值计算：

$12/f_{osc} = 1$; 10 ms = 10 000 μs；

TH0 = (65 536 − 10 000)/256；

TL0 = (65 536 − 10 000)%256；

或

TH0 = (65 536 − 10 000) >> 8；

TL0 = 65 536 − 10 000 (THx 为高 8 位，TLx 为低 8 位，晶振为 12 MHz)；

或

TH0 = 0xd8；

TL0 = 0xf0。

解析：

使用方式 1 可以直接定时 10 ms，但不能一次性定时 100 ms。所以程序中要定义变量 t 用于计算定时/计数器溢出 10 次后对 P1.0 取非。

采用查询定时/计数器 0 的溢出标志位的方法编程：

```
#include <REGX51.H>
void INIT( )
{
    TMOD = 0x01;                    //设置定时器 0 为定时模式，方式 1
    TR0 = 1;
    TH0 = (65536-10000)/256;
    TL0 = (65536-10000)%256;
}
void main( )
{
    unsigned char t;                //定义 t
    INIT( );                        //调用 INIT 函数
  while(1)
  {
    TH0 = (65536-10000)/256;
    TL0 = (65536-10000)%256;        //初值重装
    while(!TF0); TF0 = 0;           //等待 TF0 = 1
    if(t++ >= 9)                    // t 用于计算定时计数器的溢出次数
    {
        t = 0;                      //溢出 10 后清零
      P1_0 =! P1_0;                 //取非 P1.0；产生方波
```

```
        }
      }
    }
```

//

采用中断法编程：

```
#include <REGX51.H>
unsigned char t;
void INIT( )                              //定时/计数器初始化的 6 条程序
{
    TMOD = 0x01;                          //设置定时器为定时模式，方式 1
    TR0 = 1;                              //启动定时/计数器
    ET0 = 1;                              //使能定时/计数器中断
    TH0 = (65536-10000) >> 8;             //初值 10 ms
    TL0 = (65536-10000);
    EA = 1;                               //中断总开关；
}
void main( )
{
    INIT( );                              //调用 INIT 函数，初始化中断
    while(1);
}
void Timer0( ) interrupt 1                //定时计数器 0 中断服务函数
{
    TH0 = (65536-10000) >> 8;             //初值 10ms
    TL0 = (65536-10000);
    if(t++>=9)
      {
        t=0;
        P1_0=!P1_0;
      }                                   //取反 P1.0；产生方波
}
```

方式 1 的定时为 10 ms，其他方法不能直接定时这么长时间。

//

(3) 方式 2，如图 5.7 所示为定时/计数器 0 的方式 2 工作框图。

① 当 TMOD 中的 M1 = 1、M0 = 0 时：单片机定时/计数器工作于方式 2。
方式 2 中定时/计数器的初值为 8 位，即 THx 和 TLx 都为 8 位。
每次溢出后，THx 的值会自动加载到 TLx 中。

② 当定时/计数器工作于定时模式时：

$THx = TLx = 2^8 - X/(12/f_{osc})$;

X 为定时时间，即 X μs 后定时/计数器溢出。

③ 当定时/计数器工作于计数模式时：

$THx = TLx = (2^8 - X)$;

X 为脉冲个数，即 X 个脉冲后定时/计数器溢出。

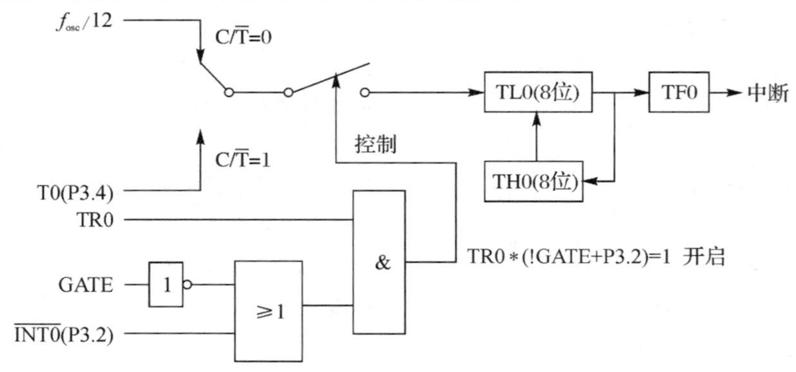

图 5.7　定时/计数器 0 的方式 2 工作框图

【例 5.7】 硬件电路如图 5.8 所示(晶振 12 MHz)，此时定时/计数器可定时最大时间为 256 μs，计数脉冲为 256 个。现设置定时/计数器 1 计数脉冲 10 个后溢出，让 P1.0 取非。

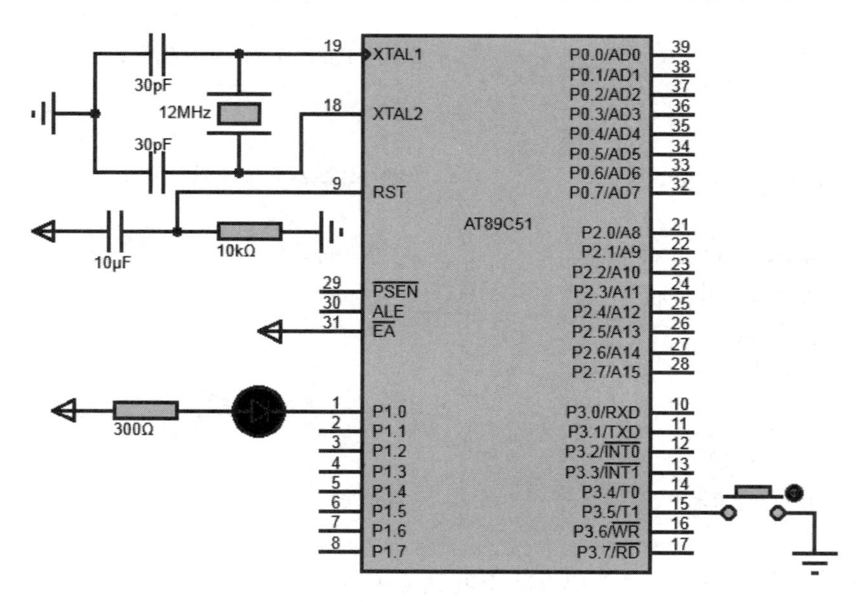

图 5.8　定时/计数器电路图

初值计算：

$12/f_{osc} = 1$;

TH1 = TL1 = 256 – 10。

采用查询定时/计数器 1 的溢出标志位的方法编程：

```
#include <REGX51.H>
```

```
void INIT( )
{
    TMOD = 0x60;                        //设置定时器 1 为计数模式，方式 2
    TR1 = 1;
    TH1 = TL1 = 256-10;
}
void main( )
{
    INIT();                             //调用 INIT 函数
    while(1)
    {
        while(!TF1); TF1 = 0;           //等待 TF1 = 1
        P1_0 =! P1_0;                   //取非 P1_0
    }
}
```

此时定时/计数器 1 对 TMOD 的设置集中在高 4 位，如表 5.8 所示，设置 GATE = 0，$C/\overline{T}$ = 1；M1 = 1，M0 = 0；即：TMOD = 0x60；方式 2 中初值是自动重装的，当 TL1 从初值自加到 256 溢出后，TH1 将本身的值传输给 TL1。

//

采用中断法编程：

```
#include <REGX51.H>
void INIT( )                    //定时/计数器初始化的 6 条程序
{
    TMOD = 0x60;                //设置定时器 1 为计数模式，方式 2
    TR1 = 1;                    //启动定时计数器
    ET1 = 1;                    //使能定时计数器中断
    TH1 = TL1 = 256-10;
    EA = 1;                     //中断总开关
}
void main( )
{
    INIT();                     //调用 INIT 函数，初始化中断
    while(1);
}
void Timer1( ) interrupt 3      //定时/计数器 1 中断服务函数
{
    P1_0 =! P1_0;               //取反 P1.0；产生方波
```

```
    }
```

采用中断法必须让 ET1 = 1、EA = 1，当中断标志位置位后，中断服务函数才有机会执行。

定时计数器 1 的中断编号为 3。

//

(4) 方式 3，如图 5.9 所示为定时计数器 0 的方式 3 工作框图。

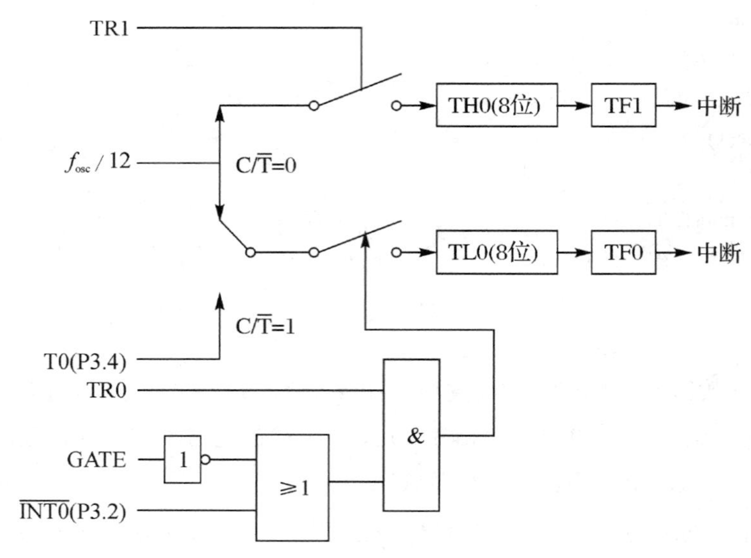

图 5.9　定时计数器 0 的方式 3 工作框图

① 当 TMOD 中的定时/计数器 0 的 M1 = 1、M0 = 1 时，单片机定时/计数器 0 工作于方式 3。

方式 3 中定时/计数器 0 被分成两部分：

TH0 占用了定时/计数器 1 的中断溢出标志位和中断源，只用于定时，开启受控于 TR1。

TL0 占用了定时/计数器 0 的中断溢出标志位和中断源，既可定时又可计数。

定时/计数器 1 仍可工作于方式 0～2，但不能产生中断。

② 当定时/计数器工作于定时模式时，初值不能自动重装：

$TH0 = 2^8 - X/(12/f_{osc})$;

$TL0 = 2^8 - X/(12/f_{osc})$;

X 为定时时间，即 X μs 后定时/计数器溢出。

③ 当定时/计数器工作于计数模式时：

$TL0 = (2^8 - X)$;

X 为脉冲个数，即 X 个脉冲后定时/计数器溢出。

【例 5.8】 硬件电路如图 5.10 所示(晶振 12 MHz)，单片机定时计数器 0 工作于方式 3，此时定时/计数器可定时最大时间为 256 μs，计数脉冲为 256 个。现设置定时/计数器 0 的定时时间为 100 μs，让 P1.0 产生 200 μs 的方波，按键按 5 次后计数脉冲溢出让 P1.7 的 LED 取非，TMOD = 0x07。

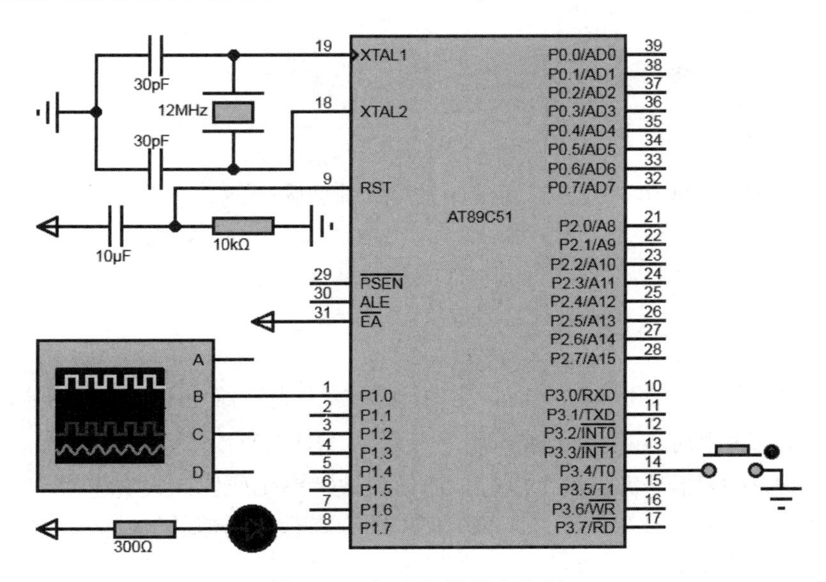

图 5.10　定时/计数器电路图

初值计算：

$12/f_{osc} = 1$;

TL0 = 256−100;

TH1 = 256−5。

采用中断法编程：

```
#include <REGX51.H>
void INIT( )//定时计数器初始化的 6 条程序；
{
    TMOD = 0x07;            //设置定时器方式 3；TH0 为定时器，TL0 为计数
    TR0 = 1;
    TR1 = 1;                //启动定时/计数器
    ET0 = 1;
    ET1 = 1;                //使能定时/计数器中断
    TH0 = 256-100;          //只能定时
    TL0 = 256-5;
    EA = 1;                 //中断总开关
}
void main( )
{
   INIT( );                 //调用 INIT 函数，初始化中断
   while(1);
}
void Timer0( ) interrupt 3  //定时/计数器 0 的 TF0 占用定时/计数器 1 的中断服务函数
```

```
{
    TH0 = 256-100;                  //只能定时
    P1_0 =! P1_0;
}
void Counter0( ) interrupt 1        //定时/计数器 0 中断服务函数
{
    TL0 = 256-5;
    P1_7 =! P1_7;
}
```

当定时/计数器 0 工作于方式 3 时，定时/计数器 1 中断停止工作。因为定时/计数器 1 的 ET1、TR1 以及中断服务函数都被占用，只剩下 TH1、TL1 和 $C/\overline{T}$。

此时的定时/计数器 1 仍可用于串行口通信的波特率生成器：设置定时/计数器 1 工作于方式 2，自动重装初值，TH1、TL1 的溢出率即为串行口通信的波特率。

//

5.5　串行口中断

51 系列的单片机有 1 个可编程的硬件双工串行通信口，此接口可以配合移位寄存器做 IO 扩展使用，也可以进行数据的收发通信。串行口通信有 4 种工作方式，可以通过编程改变波特率。

5.5.1　通信的分类

(1) 一般通信可分为 2 种：串行通信和并行通信，如图 5.11 所示。

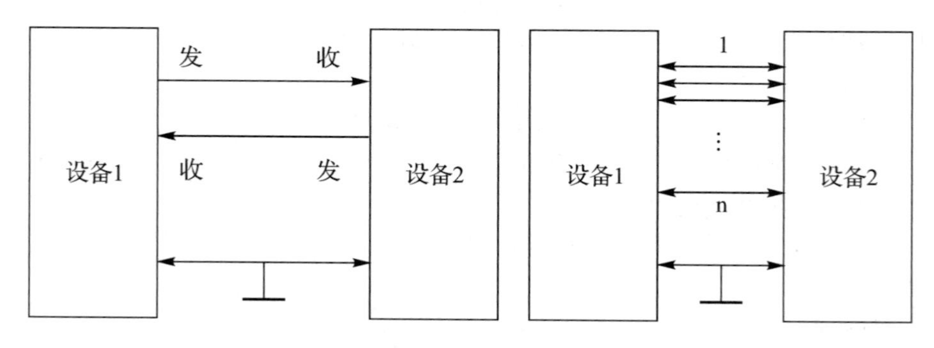

图 5.11　串行通信和并行通信框架图

① 串行通信：数据的发送接收均是逐位进行的。串行口通信连接线少，通信接口电路便宜，通信距离远，但通信速度较慢。

② 并行通信：数据的发送接收是同时传输的。并行通信速度快，但连接线多，成本高，较适用于短距离传输。

(2) 串行通信按数据传送方向可分为：单工通信、半双工通信、全双工通信 3 种，如图 5.12 所示。

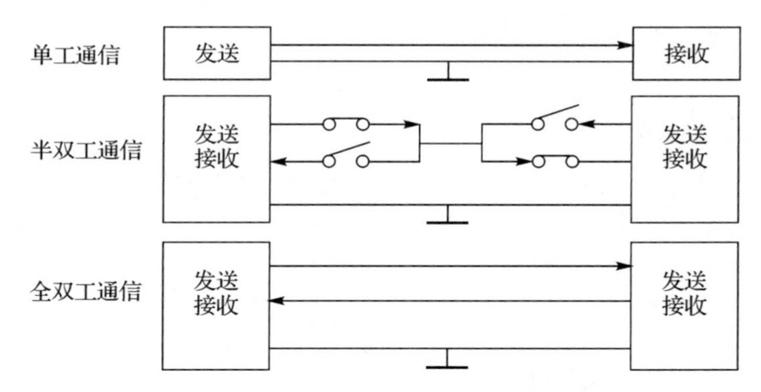

图 5.12　单工通信、半双工通信、全双工通信框架图

① 单工通信：数据传输是单向的。当通信一方为发送方时，另一方只能固定为接收方。单工通信仅需一根数据线。

② 半双工通信：数据传输是准双向的。当通信任一方为发送时，另一方只能接收对方的数据；反之，当一方为接收端时，另一方只能作为发送端。任一方的发送或接收不能同时进行，但可以通过编程改变收发方向。通信一般采用两根数据线。

③ 全双工通信：数据传输是双向的。通信双向均可同时收发数据。通信采用两根数据线。

(3) 同步通信和异步通信。

串行通信按时钟控制方式和信息组成格式可分为：同步通信和异步通信。

① 同步通信：一次传输一帧数据中，可包含多个字符。传输时应在数据前加上同步字符，后面加上校验字符，如表 5.10 所示。同步通信传输的速度快，但对接收和发送时钟要求严格同步。

表 5.10　同步通信字符要求

同步字符	数据块 1～n	校验字符

② 异步通信：一次传输一帧数据中，一般包含 1 个字符。一帧数据内包含：起始位、数据位、校验位、停止位，如图 5.13 所示。传输时先发送一个低电平的起始位，再发送数据位(低位在前高位在后)，接着发送校验位和一个高电平的停止位。异步通信中接收端和发送端的时钟是独立的，不需要同步。

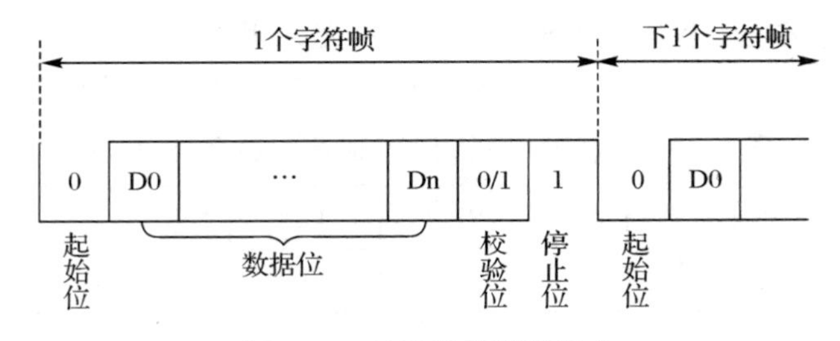

图 5.13　异步通信字符要求

③ 波特率：波特率是指每秒钟传输二进制的位数，单位为 bps(b/s)。波特率是衡量串行通信速度的标准。若一秒钟传输 10 个字符，每个字符有 1 个起始位、8 个数据位、1 个校验位和 1 个停止位，那么波特率为：

$$10\times(1+8+1+1)=110\ \text{b/s}$$

2. 串行口的工作原理

串行口主要由发送数据缓冲器、接收数据缓冲器、发送控制器 TI、接收控制器 RI、波特率生成器、输入移位寄存器、串行口控制寄存器 SCON、输出控制门电路、TXD 发送端、RXD 接收端等组成，如图 5.14 所示。

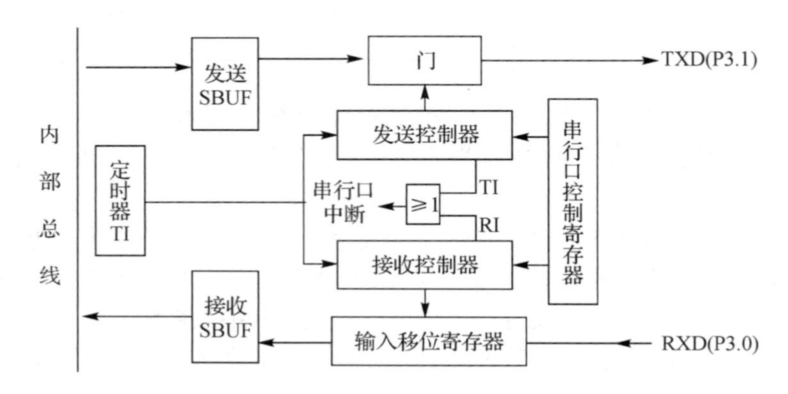

图 5.14 串行口的工作原理图

(1) 发送数据。

将数据写入发送缓冲寄存器SBUF中，在定时器1的波特率产生器的时钟控制下，SBUF的内容按低位在前高位在后的顺序通过 P3.1 逐位发送出去。发送一帧数据后，TI 硬件置1(TI 必须人为清零后才能发送下一帧数据)。

(2) 接收数据。

当串行口控制寄存器 SCON 中的 REN 为 1、RI(接收中断标志位)为 0 时，串行口可接收数据。串行数据从 P3.0(RXD)按波特率时钟要求按位进入移位寄存器，完成接收到一个完整的字节后存入 SBUF 中，此时 RI 硬件置 1(RI 必须人为清零后才能接收下一帧数据)。

3. 与串行口相关的特殊寄存器

与串行口相关的特殊寄存器有两个：SCON 和 PCON。SCON 是串行口控制寄存器，用于设置串行口工作方式。PCON 为电源控制寄存器，用于设置单片机电源相关控制。

(1) SCON：如表 5.11 所示，为 SCON 串行口控制寄存器各相关位(可位寻址)。

表 5.11　SCON 串行口控制寄存器各相关位

SCON	SM0	SM1	SM2	REN	TB8	RB8	TI	RI
地址	9FH	9EH	9DH	9CH	9BH	9AH	99H	98H

① SM0 和 SM1 为串行口方式选择位，有 4 种方式供设计者选择，如表 5.12 所示。

表 5.12　SM0 和 SM1 为串行口方式选择位的 4 种方式

工作方式	SM0	SM1	波特率	功　能
方式 0	0	0	$f_{osc}/12$	移位寄存器，主要用于 IO 扩展
方式 1	0	1	可变	10 位帧结构的 UART，无校验位
方式 2	1	0	$f_{osc}/32$ 或 $f_{osc}/64$	11 位帧结构的 UART，有校验位
方式 3	1	1	可变	11 位帧结构的 UART，有校验位

② SM2 为多机通信控制位。

方式 0 时：SM2 必须为 0。

方式 1 时：使能接收 REN = 1 时，若 SM2 = 1，只有接收到有效停止位时，RI 才置 1。

方式 2 和方式 3 时：若 SM2 = 1 且 RB8 = 1，RI 置 1；若 SM2 = 1 且 RB8 = 0，即使接收完数据 RI 也不置 1；若 SM2 = 0，不论 RB8 为 0 还是为 1，接收完数据后 RI 置 1。

③ REN 为接收使能控制位：当 REN = 1 时，允许接收；当 REN = 0 时，禁止接收。

④ TB8 和 RB8：TB8 为发送数据的第 9 位，RB8 为接收数据的第 9 位。在方式 2 和方式 3 中，TB8 和 RB8 一般用于奇偶校验位。在多机通信时，可用于区分是地址或数据。

⑤ TI 为发送中断标志位：发送完一帧数据后由硬件自动置 1。当串行口工作于方式 0 做 IO 扩展时，TI 由硬件自动清零；当串行口工作于其他 3 种状态时，TI 由软件清零。当 TI 置 1 时，可申请中断，软件清零后可发送下一帧数据。

⑥ RI 为接收中断标志位：接收完一帧数据后由硬件自动置 1。当串行口工作于方式 0 做 IO 扩展时，RI 由硬件自动清零；当串行口工作于其他 3 种状态时，RI 由软件清零。当 RI 置 1 时，可申请中断，软件清零后可接收下一帧数据。

(2) PCON：如表 5.13 所示，为 PCON 电源控制寄存器各相关位(不可位寻址)。

表 5.13　PCON 电源控制寄存器各相关位

PCON	SMOD				GF1	GF0	PD	IDL
地址	8EH	8DH	8CH	8BH	8AH	89H	88H	87H

① SMOD 为波特率倍频位：当串行口工作于方式 1～3 时，若 SMOD = 1，波特率×2；若 SMOD = 0，波特率不变。当串行口工作于方式 0 时，与 SMOD 无关。

② GF1 和 GF0：用户自定义位，无具体用途。

③ PD 为掉电方式位：PD = 0 单片机处于正常工作状态。PD=1 单片机进入掉电(Power Down)模式，可由外部中断或硬件复位模式唤醒，进入掉电模式后，外部晶振停振，CPU、定时器、串行口全部停止工作，只有外部中断工作。

④ IDL 为待机方式位：IDL = 0 单片机处于正常工作状态。IDL = 1 单片机进入空闲模式，除 CPU 不工作外，其余的振荡器、中断系统仍继续工作，在空闲模式下可由任一个中断或硬件复位唤醒。

4. 串行口的工作方式及编程

串行口有 4 种工作方式：方式 0 用于 IO 扩展；方式 1～3 用于通信。方式 0 和方式 2

的波特率是固定的，方式 1 和方式 3 的波特率由定时器 1 的溢出率决定。

1) *方式 0*

方式 0 工作方式下，串行口相当于一个 8 位的移位寄存器，波特率为晶振的 12 分频。P3.0(RXD)为数据的输入输出端，P3.1(TXD)为移位寄存器的时钟脉冲输出端。接收和发送数据的顺序都是低位在前，高位在后。

(1) 发送数据：将数据写入 SBUF，串行口将数据以波特率($f_{osc}/12$)的速度送入移位寄存器中转换成串行数据，通过 RXD(P3.0)输入或输出。TXD(P3.1)作为移位寄存器的同步时钟输出。发送完一帧数据后，硬件置位 TI 向单片机申请中断。执行完上述过程后，若想再发送数据，必须软件清零 TI。

(2) 接收数据：接收数据的前提必须使 REN = 1。此时串行数据通过 RXD 接收，进入移位寄存器变成并行数据后，存入 SBUF 中；TXD 作为移位寄存器的同步时钟。接收完一帧数据后，硬件置位 RI 向单片机申请中断。执行完上述过程后，若想再接收数据必须软件清零 RI。

【例 5.9】 硬件电路如图 5.15 所示(晶振 12 MHz)，RXD 接 CD4094 的 D(串行输入)端，TXD 接 CD4094 的 CLK(时钟)端。当单片机串行口工作于方式 0 时，使用 CD4094 设计一流水灯程序。

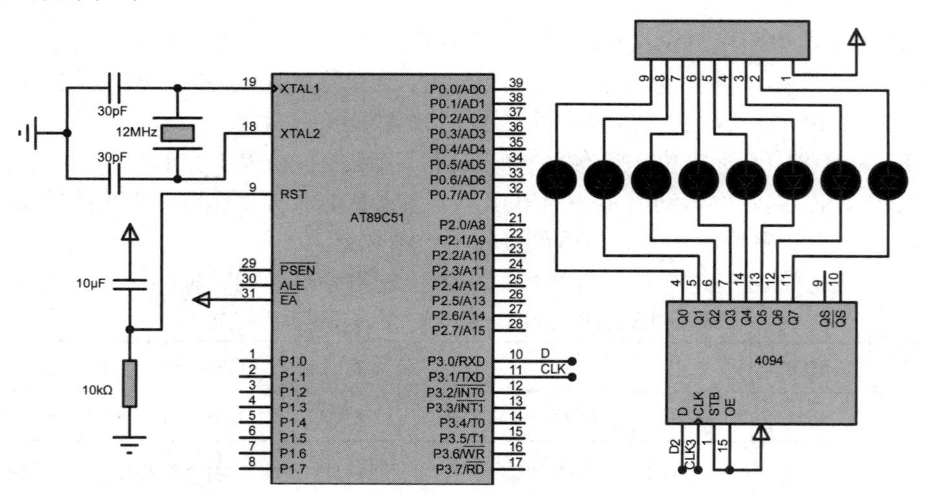

图 5.15　单片机串行口工作方式 0 时使用 CD4094 设计流水灯的硬件电路图

采用查询法编程：查询 TI。

```
#include <REGX51.H>
unsigned char num[] = {0xfe, 0xfd, 0xfb, 0xf7, 0xef, 0xdf, 0xbf, 0x7f};
void delay( )                                    //延时函数
{
    unsigned int a = 50000;
    while(a--);
}
void main( )
```

```
{
    unsigned char i;                        //定义 i
    SCON = 0x00;
    while(1)
    {
        SBUF = num[i++];                    //将数据写入 SBUF 中
        delay( ); //延时;
        if(i >= 8) i = 0;                   //当 i 大于等于 8 时，i 清零
        while(!TI);                         //等待数据发送完;其实当延时时间足够长时，此句可
        TI = 0;                             //省略，即等待法软件清零 TI，准备下一帧数据的发送
     }
}
```

//

采用中断法编程：

```
#include <REGX51.H>
unsigned char num[8] = {0xfe, 0xfd, 0xfb, 0xf7, 0xef, 0xdf, 0xbf, 0x7f};
void delay( )                   //延时函数
{
    unsigned int a = 50000;
    while(a--);
}
void main( )
{
    unsigned char i;                //定义 i
    SCUN = 0x00;
    ES = 1;                         //使能串行口中断
    EA = 1;                         //中断总开关
    while(1)
    {
        SBUF = num[i++];            //将数据写入 SBUF 中
        delay();                    //延时
        if(i >= 8) i = 0;           //当 i 大于等于 8 时，i 清零
     }
}
void Serial(void) interrupt 4
{
    TI = 0;                         //软件清零 TI，准备下一帧数据的发送
}
```

这里的串行口中断仅用于对 TI 的清零。

//

【例 5.10】 硬件电路如图 5.16 所示(晶振 12 MHz)，RXD 接 4014 的 Q7 端，TXD 接 4014 的串行时钟信号端 CLK，P3.2 接 4014 的 P/S 方式控制端。当单片机串行口工作于方式 0 时，扩展 8 个 IO 按键用于控制对应的 LED 灯。

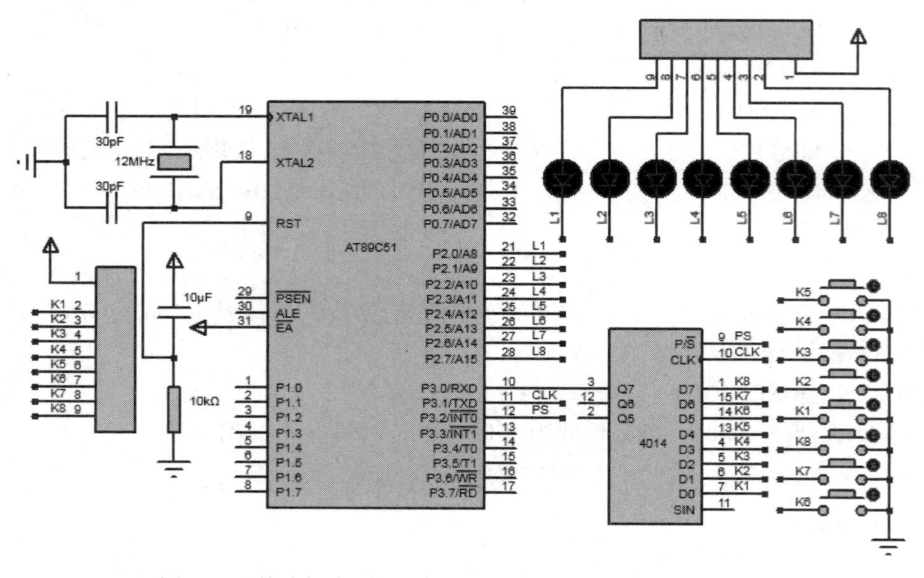

图 5.16　单片机串行口工作方式 0 时设计 LED 灯的电路图

采用查询法编程：查询 RI。

```
#include <REGX51.H>
sbit PS4014 = P3^2;
void main( )
{
    SCON = 0x10;
    while(1)
    {
        PS4014 = 1; PS4014 = 0;
        while(!RI);
        RI = 0;
        P2 = SBUF;
    }
}
```

4014 为并入串出芯片：当 P/S = 1 时，4014 的 D7～D0 的数据将锁存在内部的寄存器中；当 P/S = 0 时，CLK 的作用存在，内部寄存器的内容按高位在前低位在后的原则，依次输出至 Q7～Q5。RXD 读取 Q7 的串行数据，存入 SBUF 中。

//

2) 方式 1

方式 1 下，串行口为一个波特率可调的 10 位异步串行通信口。10 位的帧结构由 1 位起始位、8 位数据位和 1 位结束位组成。此时的特波率公式如下：

$$\mathrm{BPS}=\frac{2^{\mathrm{SMOD}}}{32}\times\frac{f_{osc}}{12\times(2^{m}-n)}$$

其中：SMOD 为 PCOND 的波特率倍频位，其值只能为 1 或 0；

当定时计数器工作于方式 0 时，m = 13；方式 1 时，m = 16；方式 2、3 时，m = 8；

n 为定时计数器 1 的初值。波特率的计算比较复杂，网上有很多单片机小工具可以帮助计算。表 5.14 为常用的几种波特率下定时计数器 1 工作于方式 2 的初值。

表 5.14　常用几种波特率下定时计数器工作于方式 2 的初值

波特率/bps	晶振/ MHz	SMOD	定时器 1 初值
19 200	11.0592	0	0xfe
9600	11.0592	0	0xfd
9600	11.0592	1	0xfa
19200	22.1184	0	0xfd
9600	22.1184	0	0xfa
4800	22.1184	0	0xf4

【例 5.11】 硬件电路如图 5.17 所示(晶振 11.0592 MHz)，串行口工作于方式 1，波特率为 9600 bps，编写程序从串口发送字符“Guilin university of electronic technology”。选择串口仿真模块 Virtual Terminal，并设置波特率为 9600 bps；仿真中单片机的晶振也应改为 11.0592 MHz。

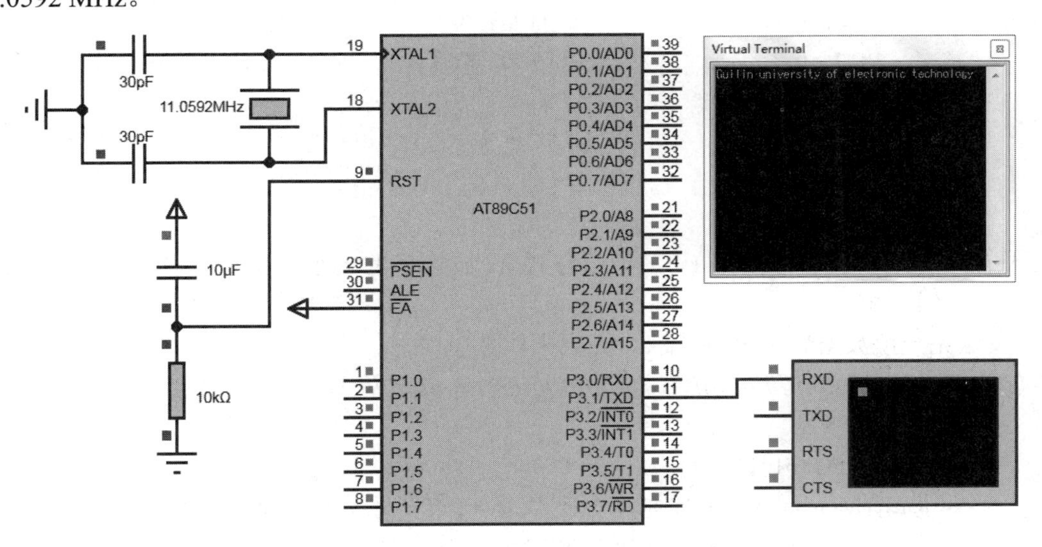

图 5.17　串行口工作方式 1 时硬件电路图

采用查询法编程：

```
#include <REGX51.H>
```

```
unsigned char num[] = {'G', 'u', 'i', 'l', 'i', 'n', ' ',
                       'u', 'n', 'i', 'v', 'e', 'r', 's', 'i', 't', 'y', ' ',
                       'o', 'f', ' ',
                       'e', 'l', 'e', 'c', 't', 'r', 'o', 'n', 'i', 'c', ' ',
                       't', 'e', 'c', 'h', 'n', 'o', 'l', 'o', 'g', 'y', ' '};
void INIT( )                    //初始化串口
{
    TMOD = 0x20;                //定时计数器 1 工作于方式 2，初值自动重装
    TR1 = 1;
    TH1 = 0xfd;
    TL1 = 0xfd;                 //波特率为 9600 bps
    SCON = 0x40;                //串行口工作于方式 1，REN = 0 不接收
}
void main( )
{
    unsigned char i;
    INIT( );                    //调用函数，初始化串口
    while(1)
    {
        for(i = 0; i < 43; i++)     //发送 43 个字符
        {
            SBUF = num[i];          //将 num 数组的值传入 SBUF 中发送
            while(!TI);             //查询 TI 是否为 1，不为 1 则等待
            TI = 0;                 // TI 为 1 后，软件清零，准备发送下一个数据
        }
        while(1);                   //发送完 43 个字符后停止发送
    }
}
```

程序中设置定时/计数器 1，工作于方式 2。波特率的大小取决于定时/计数器 1 的溢出率。

发送完一帧数据后 TI 硬件置 1，必须由软件清零。

```
//////////////////////////////////////////////////////////////////////////////////////////////////////////
采用中断法编程：
#include <REGX51.H>
unsigned char num[] = {'G', 'u', 'i', 'l', 'i', 'n', ' ', 'u', 'n', 'i', 'v', 'e', 'r', 's', 'i', 't', 'y', ' ', 'o', 'f', ' ',
                       'e', 'l', 'e', 'c', 't', 'r', 'o', 'n', 'i', 'c', ' ', 't', 'e', 'c', 'h', 'n', 'o', 'l', 'o', 'g', 'y', ' '};
void delay(unsigned int a)
{
```

```
    while(a--);
}
void INIT( )
{
    TMOD = 0x20;                //设置定时计数器 1 工作于方式 2
    TR1 = 1;
    TH1 = 0xfd;
    TL1 = 0xfd;                 //波特率为 9600 bps
    SCON = 0x40;                //方式 1，REN = 0
    ES = 1;                     //使能串口中断
    EA = 1;                     //中断总开关开启
}
void main( )
{
    unsigned char i;
    INIT( );                    //调用函数，初始化串口
    while(1)
    {
        for(i = 0; i < 43; i++)     //发送 43 个字符
        {
            SBUF = num[i];          //将 num 数组的值传入 SBUF 中发送
            delay(1000);            //延时
        }
        while(1);
    }
}
void Serial( ) interrupt 4      //串行口中断服务程序
{   TI = 0;                     //TI 为 1 后，软件清零，准备发送下一个数据
}
```

当 TI = 1 时执行串行口中断服务程序，在中断服务程序中清零 TI。可以采用 Proteus 在图 5.18 中直接查看结果；也可以在 Keil 中 Debug 后，调用 UART 窗口查看结果如图 5.18 所示；或者直接下载后用串口调试助手查看结果如图 5.19 所示。

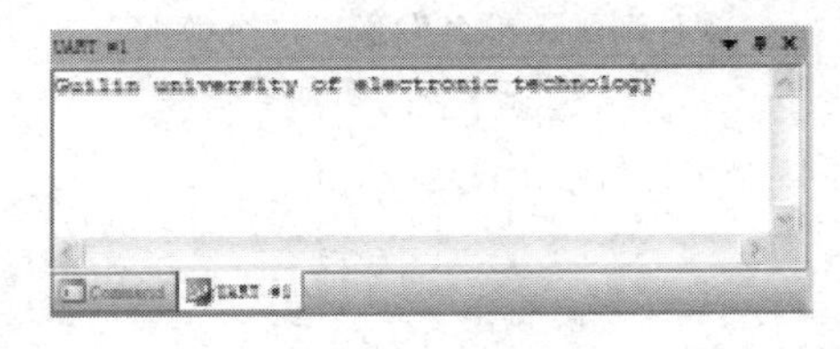

图 5.18　调用 UAPT 窗口

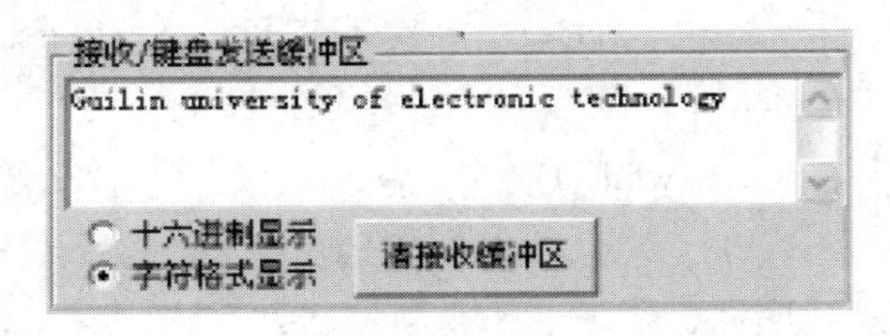

图 5.19　串口调试助手界面

3) 方式 2

方式 2 下，串行口为一个波特率可调的 11 位异步串行通信口。11 位的帧结构由 1 位起始位、8 位数据位、1 个可编程位(用于奇偶校验)和 1 位结束位组成。此时的波特率公式如下：

$$BPS = \frac{2^{SMOD}}{64} \times f_{osc}$$

在数据传输过程中若要做奇偶校验，则要检测数据 1 的个数。通常先将传输的数据存入 ACC 寄存器中，当 ACC 有奇数个 1 时，P 自动为 1；反之则 P 为 0。

【例 5.12】 设单片机晶振 12 MHz，串行口工作于方式 2(odd 奇校验)，SMOD = 0，波特率为：12M/64 bps = 19.2 Kbps，编写程序从串口发送字符“Guilin university of electronic technology”。Proteus 的串口仿真模块 Virtual Terminal 最高波特率为 5.76 Kbps，接收不到正确数据，只能用 Keil 仿真。

采用查询法：

```
#include <REGX51.H>
unsigned char num[] = {'G', 'u', 'i', 'l', 'i', 'n', ' ', 'u', 'n', 'i', 'v', 'e', 'r', 's', 'i', 't', 'y', ' ', 'o', 'f', ' ',
                       'e', 'l', 'e', 'c', 't', 'r', 'o', 'n', 'i', 'c', ' ', 't', 'e', 'c', 'h', 'n', 'o', 'l', 'o', 'g', 'y', ' '};
void INIT( )                              //初始化串口
{
    SCON = 0x80;                          //串行口工作于方式 2，REN = 0 不接收
}
void main( )
{
    unsigned char i;
    INIT( );                              //调用函数，初始化串口
    while(1)
    {
        for(i = 0; i < 43; i++)           //发送 43 个字符
        {
            ACC = num[i];                 //将 num 数组的值传入 SBUF 中发送
            TB8 = P;                      //奇校验
            SBUF = ACC;
            while(!TI);                   //查询 TI 是否为 1，不为 1 则等待
            TI = 0;                       //TI 为 1 后，软件清零，准备发送下一个数据
        }
        while(1);                         //发送完 43 个字符后停止发送
    }
}
////////////////////////////////////////////////////////////////////////////////////////////////////////////
```

采用中断法：

```
#include <REGX51.H>
unsigned char num[] = {'G','u','i','l','i','n',' ','u','n','i','v','e','r','s','i','t','y',' ','o','f',' ',
                        'e','l','e','c','t','r','o','n','i','c',' ','t','e','c','h','n','o','l','o','g','y',' '};
void delay(unsigned int a)
{
    while(a--);
}
void INIT( )                    //初始化串口
{
    SCON = 0x80;                //串行口工作于方式 2，REN = 0 不接收
    ES = 1;
    EA = 1;
}
void main( )
{
    unsigned char i;
    INIT( );                    //调用函数，初始化串口
    while(1)
    {
        for(i = 0; i < 43; i++)     //发送 43 个字符
        {
            ACC = num[i];       //将 num 数组的值传入 SBUF 中发送
            TB8 = P;            //奇校验
            SBUF = ACC;
            delay(1000);        //速度太快，所以加延时以免通信出错
        }
        while(1);               //发送完 43 个字符后停止发送
    }
}
void Serial( ) interrupt 4
{
    TI = 0;                     // TI 为 1 后，软件清零，准备发送下一个数据
}
```

由于方式 2 的波特率太高，在使用过程中传输距离很短、误码率高，一般很少使用。

//

【例 5.13】 硬件电路如图 5.17 所示(晶振 11.0592 MHz)，串行口工作于方式 3(even 偶校验)，SMOD = 0，波特率为 9600 bps，编写程序从串口发送字符“Guilin university of electronic technology”。

采用查询法：

```
#include <REGX51.H>
unsigned char num[] = {'G', 'u', 'i', 'l', 'i', 'n', ' ', 'u', 'n', 'i', 'v', 'e', 'r', 's', 'i', 't', 'y', ' ', 'o', 'f', ' ',
                       'e', 'l', 'e', 'c', 't', 'r', 'o', 'n', 'i', 'c', ' ', 't', 'e', 'c', 'h', 'n', 'o', 'l', 'o', 'g', 'y', ' '};
void INIT()                     //初始化串口
{
    SCON = 0xc0;                //串行口工作于方式 3，REN = 0 不接收
    TMOD = 0x20;
    TR1 = 1;
    TH1 = 0xfd;
    TL1 = 0xfd;                 //波特率为 9600bps
}
void main()
{
    unsigned char i;
    INIT();                     //调用函数，初始化串口
    while(1)
    {
        for(i = 0; i < 43; i++)     //发送 43 个字符
        {
            ACC = num[i];       //将 num 数组的值传入 SBUF 中发送
            TB8 =! P;           //偶校验：TB8 =! P
            SBUF = ACC;
            while(!TI);
            TI = 0;
        }
        while(1);               //发送完 43 个字符后停止发送
    }
}
```

//

采用中断法：

```
#include <REGX51.H>
unsigned char num[] = {'G', 'u', 'i', 'l', 'i', 'n', ' ', 'u', 'n', 'i', 'v', 'e', 'r', 's', 'i', 't', 'y', ' ', 'o', 'f', ' ',
                       'e', 'l', 'e', 'c', 't', 'r', 'o', 'n', 'i', 'c', ' ', 't', 'e', 'c', 'h', 'n', 'o', 'l', 'o', 'g', 'y', ' '};
void delay(unsigned int a)
{
    while(a--);
```

```
}
void INIT()                      //初始化串口
{
    SCON = 0xc0;                 //串行口工作于方式 3，REN = 0 不接收
    TMOD = 0x20;                 //设置定时计数器 1 工作于方式 2
    TR1 = 1;                     //启动定时计数器 1
    TH1 = 0xfd;
    TL1 = 0xfd;                  //设置波特率为 9600bps
    ES = 1;                      //使能串行口中断
    EA = 1;
}
void main( )
{
    unsigned char i;
    INIT();                      //调用函数，初始化串口
    while(1)
    {
        for(i = 0; i < 43; i++)  //发送 43 个字符
        {
            ACC = num[i];        //将 num 数组的值传入 SBUF 中发送
            TB8 =! P;            //偶校验
            SBUF = ACC;
            delay(1000);
        }
        while(1);                //发送完 43 个字符后停止发送
    }
}
void Serial( ) interrupt 4
{
    TI = 0;                      // TI 为 1 后，软件清零，准备发送下一个数据
}
```

仿真得到的结果和例 5.11 相同。

//

5. 串行口通信小结

(1) 通信按实体分为两大类：串行通信和并行通信。串行通信按时钟控制方式和信息组成格式可分为：同步通信和异步通信。串行通信按数据传送方向可分为：单工通信、半双工通信、全双工通信 3 种。

(2) 51 系列单片机的串口工作方式有 4 种，方式 0 用于 IO 扩展，方式 1～3 用于通信。

方式 0 和方式 2 的波特率是不可编程灵活改变的，而方式 1 和方式 3 的波特率是以定时计数器 1 的溢出率有关的。

(3) 串行口通信的中断标志位是 TI、RI。发送完一帧数据后 TI 硬件置 1，必须软件清零后才能发送下一帧数据；接收完一帧数据后 RI 硬件置 1，必须软件清零后才能接收下一帧数据。

习　题

1. 设计一个单片机初始化程序，要求外部中断 0 为低电平触发、定时器 1 工作于方式 1，并且定时时间为 5 ms。
2. 设计单片机定时计数器 0 工作于方式 1，使 P1.0 输出一个 50 ms 的方波。
3. 设计一个程序，要求当外部中断 0 下降沿触发时，P1.0 取反一次。
4. 采用串口中断发送自己名字的拼音到电脑端，设置波特率为 9600 bps。

第 6 章　单片机接口电路设计

与第 4 章介绍的数码管、按键基础接口电路不同，本章讲解的是单片机常用的接口电路，如 220 V 控制电路、AD/DA、电机控制电路、液晶显示电路等。对于 EPROM、看门狗等电路，现在 STC、STM32 等系列单片机都自带了，这里就不再介绍了。

项目 1　220 V 控制电路

由于单片机是 3.3V～5V 供电系统，生活中经常要用单片机控制更高的电压(如 12V、220V、380V 等)的器件，如电灯、电机、热水器等，这时就需要有相应电路做隔离，如继电器、可控硅等。

1. 继电器控制电路

图 6.1 为继电器控制电路。

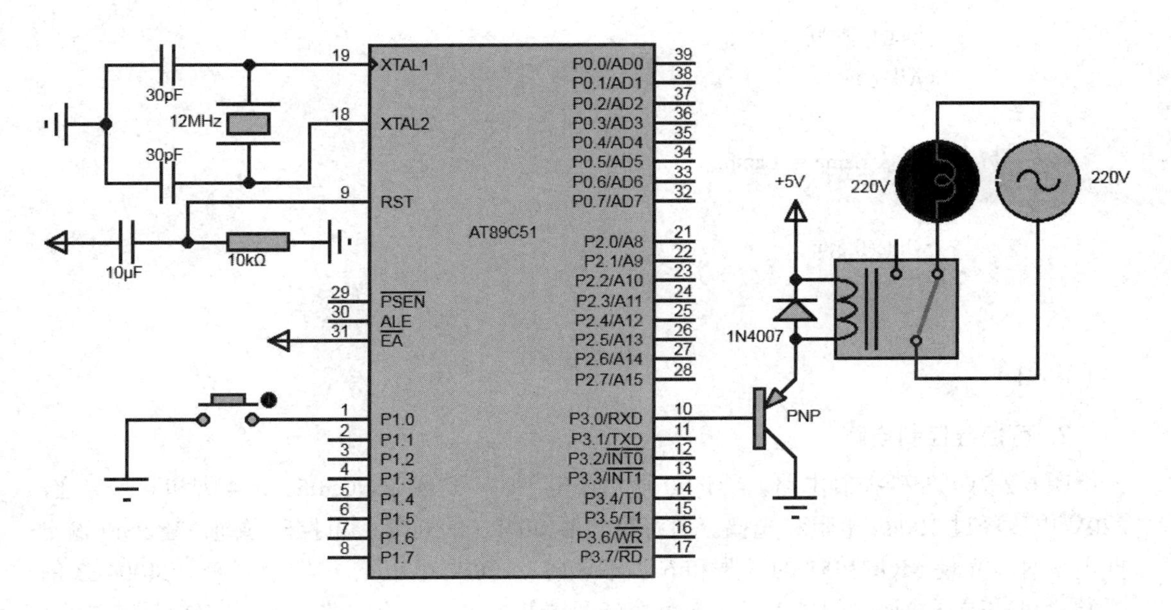

图 6.1　继电器控制电路

当 P3.0 输出低电平时，PNP 三极管导通，继电器的线圈吸合(常开点闭合)；当 P3.0 输出高电平时，PNP 三极管截止，继电器断开(常开点断开)。当继电器吸合或断开瞬间，在继电器线圈两端会产生高于 +5 V 的感应电压叠加在 PNP 的 E 极，可能会烧坏 PNP

三极管，在继电器线圈两端并一个 1N4007 续流二极管(产生的感应电流将会通过 1N4007 流向 +5 V 电源)，用于保护 PNP 三极管。(Proteus 库中的元件名：继电器，OZ-SH-105D；电灯，LAMP；二极管，1N4007；220 V 电源，VSINE(220 V，1 Hz))。

【例 6.1】 硬件电路如图 6.1 所示，设计一个 220V 控制电路，采用单片机控制电灯亮灭。通过 P1.0 的按键控制 P3.0 的三极管，从而达到控制电灯 LAMP 的目的。

```
#include <REGX51.H>
sbit key = P1^0;
sbit Lamp = P3^0;
void delay(unsigned int a)
{
    while(a--);
}
void main( )
{
    while(1)
    {
    if(!key)
        {
            delay(10000);
            if(!key)
            {
                    Lamp =! Lamp;
            }
            while(!key);
        }
    }
}
```

2. 可控硅控制电路

图 6.2 为可控硅控制电路。当 P3.0 输出低电平时，光耦 MOC3051 的 4 脚和 6 脚导通，220V 电压经过 100 Ω 电阻和光耦流向可控硅 L4004L3 的 G 端，可控硅导通；当 P3.0 输出低电平时，光耦 MOC3051 的 4 脚和 6 脚不导通，220 V 电压无法流向可控硅 L4004L3 的 G 端，可控硅不导通。图 6.2 可以在可控硅两端并上 RC 吸收回路，当可控硅导通时电容放电，避免可控硅承受过高电压。(Proteus 库中的元件名：继电器，OZ-SH-105D；电灯，LAMP；二极管，1N4007；220V 电源，VSINE(220V，1 Hz))。

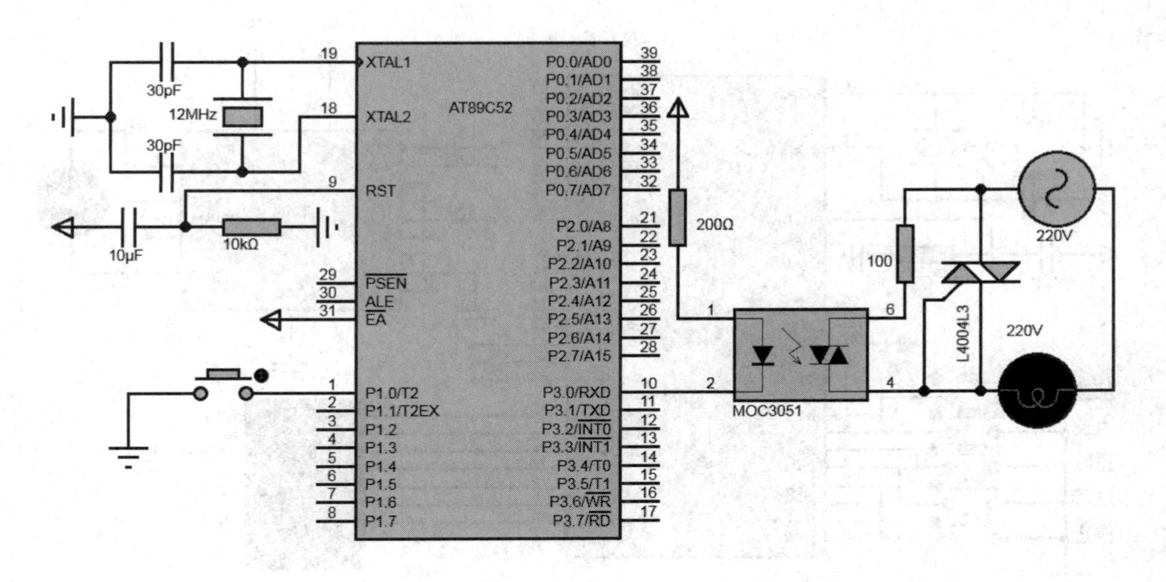

图 6.2　可控硅控制电路

程序：与 6.1 节相同。若要进行调光，必须过零检测和控制相位角。

项目 2　PWM 的电机转速控制

1.　PWM 的介绍

PWM(Pulse Width Modulation，脉冲宽度调制)调速系统中，一般可以采用定宽调频、调宽调频、定频调宽三种方法改变控制脉冲的占空比，前两种方法在调速时改变了控制脉宽的周期，从而引起控制脉冲频率的改变，当该频率与系统的固有频率接近时将会引起振荡。为避免振荡发生，设计采用定频调宽改变占空比的方法来调节直流电动机电枢两端的电压。

2. 电机驱动电路与编程

电路如图 6.3 所示，采用 L298 设计电机驱动电路。当 L298 的 ENA 为高电平，IN1 为高电平，IN2 为低电平时，电机正转；当 L298 的 ENA 为高电平，IN1 为低电平，IN2 为高电平时，电机反转；当 L298 的 ENA 为低电平或 IN1 和 IN2 电平逻辑相同时，电机停止。为了达到调节转速的目的，采用单片机定时计数器产生 PWM 信号控制 ENA，只要调节脉冲宽度即可调节转速(Proteus 库中的元件名：电机驱动芯片，L298；电机，MOTOR；数码管，7SEG-COM-CAT-GRN)。

【例 6.2】 硬件电路如图 6.3 所示，设计一个电机转速控制器：5 个按键分别控制电机的加速、减速、正转、反转、停止；电机转速 10 级；采用共阴数码管显示转速级别。采用单片机定时计数器 0，工作于方式 1。

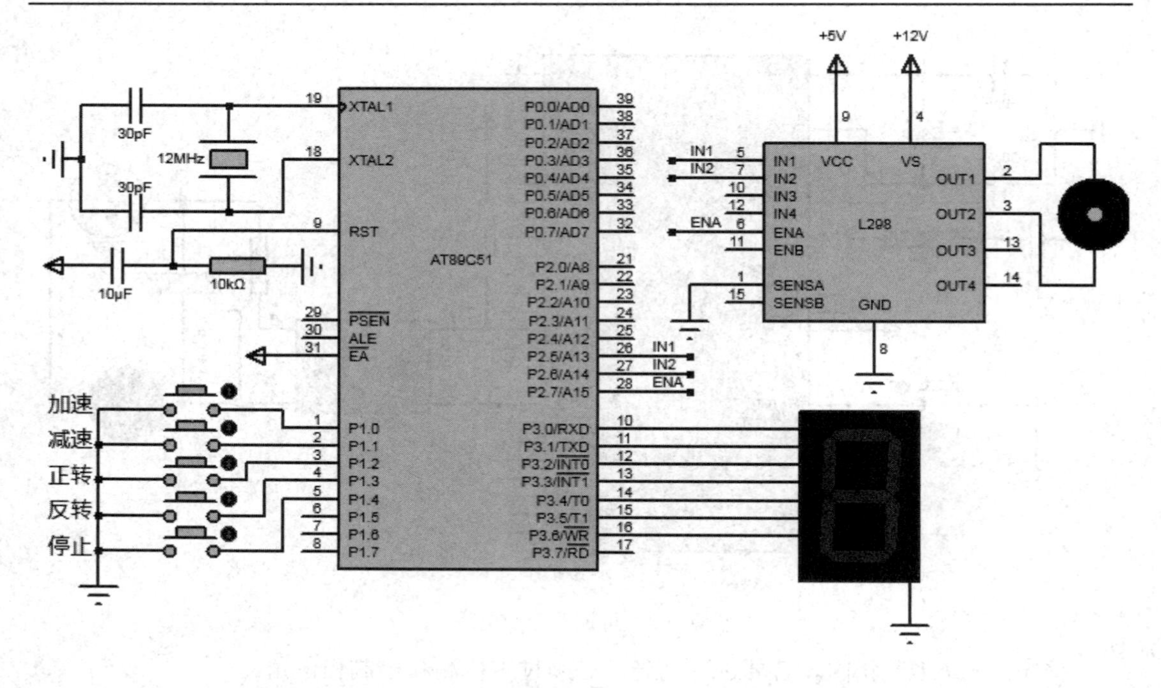

图 6.3　电机驱动电路图

```
#include <REGX51.H>
sbit UP = P1^0;                          //按键加速
sbit DOWN = P1^1;                        //按键减速
sbit RIGHT = P1^2;                       //按键正转
sbit LEFT = P1^3;                        //按键反转
sbit STOP = P1^4;                        //按键停止
sbit IN1 = P2^5;                         // L298 输入端 1
sbit IN2 = P2^6;                         // L298 输入端 2
sbit ENA = P2^7;                         // L298 使能端，用于 PWM 调速
unsigned char num[10] = {0x3f, 0x06, 0x5b, 0x4f, 0x66, 0x6d, 0x7d, 0x07, 0x7f, 0x6f};
                                         //数码管代码表
char PWM = 5;                            //占空比
char MOTO_STATE;                         //电机状态
char counter;
void delay(unsigned int a)               //延时程序，用于按键防抖
{
    while(a--);
}
void INIT( )                             //初始化定时计数器
{
    TMOD = 0x01;                         //设置定时计数器 0 工作于方式 1
```

```
    TH0 = (65536-1000) >> 8;
    TL0 = (65536-1000);                    //定时 1000 μs，即 1 ms
    TR0 = 1;                               //启动定时计数器 0
    ET0 = 1;                               //使能定时计数器 0 中断
    EA = 1;                                //中断总开关
}
void key_scan( )                           //按键扫描程序
{
    if(!UP)
    {
        delay(1000);
        if(!UP)                            //加快转速
        {
            PWM++; if(PWM>9)PWM = 9;   //转速 10 级
        }
        while(!UP);
    }
    if(!DOWN)                          //降低转速
    {
        delay(1000);
        if(!DOWN)
        {
            PWM--; if(PWM <= 0)PWM = 0;
        }
        while(!DOWN);
    }
    if(!RIGHT)                         //正转
    {
        delay(1000);
        if(!RIGHT)
        {
            MOTO_STATE = 1;
        }
        while(!RIGHT);
    }
    if(!LEFT)                        //反转
    {
      delay(1000);
```

```
        if(!LEFT)
        {
            MOTO_STATE = 2;
        }
        while(!LEFT);
    }
    if(!STOP)                                      //停止
    {
        delay(1000);
        if(!STOP)
        {
            MOTO_STATE = 0;
        }
        while(!STOP);
    }
}
void moto_ctrl( )                                  //电机状态控制
{
    switch(MOTO_STATE)
    {
        case 0:IN1 = 1; IN2 = 1; break;            //电机停止转动
        case 1:IN1 = 1; IN2 = 0; break;            //电机正转
        case 2:IN1 = 0; IN2 = 1; break;            //电机反转
        default:MOTO_STATE = 0; break;
    }
}
void main( )
{
    INIT( );                                   //调用初始化函数，设置定时计数器 0 的工作状态
    while(1)
    {
        key_scan( );                               //调用键盘扫描函数
        moto_ctrl( );                              //调用电机状态控制函数
        P3 = num[PWM];                             //显示
    }
}
void Timer0( ) interrupt 1                         //定时计数器 0 中断服务函数
{
```

```
        TH0 = (65536-1000)/256;
        TL0 = (65536-1000)%256;
        counter++;                              // counter 每 1ms 自加 1
        if(counter >= 10){counter=0; }
        if(counter < PWM)ENA = 1;               //占空比调节
        if(counter >= PWM)ENA = 0;
    }
```

不同型号的电机由于工作电压、减速比等不同，采用的 PWM 频率和占空比也有所不同，在实际设计中应根据情况进行调节。

项目 3　双 机 通 信

串行口通信适用于短距离通信，如果采用该通信协议配合相应的接口电路(MAX485，串口无线通信模块等)则可以传输较远距离。

1. 串行口通信的注意事项

波特率与定时计数器 1 的溢出率有关，此时定时计数器 1 一般不做它用；两个设备的波特率必须相同，否则通信将会出错；串行中断产生后，必须软件清零 TI 或 RI。

2. 双机通信电路与编程

【例 6.3】 硬件电路如图 6.4 所示，设计一个双机通信程序：A 机通过串行口向 B 机发送数据，B 机接收到数据后在数码管显示；当 A 机的 K1 按下后，B 机显示的数据加 1，当 A 机的 K2 按下后，B 机显示的数据减 1；当 B 机接收到 9 时，向 A 机发送 0xaa，A 机收到 0xaa 后让 P1.7 对应的 LED 亮；当 B 机接收到的数据不是 9 时，向 A 机发送 0x55，A 机收到数据不是 0xaa 时，LED 灭。

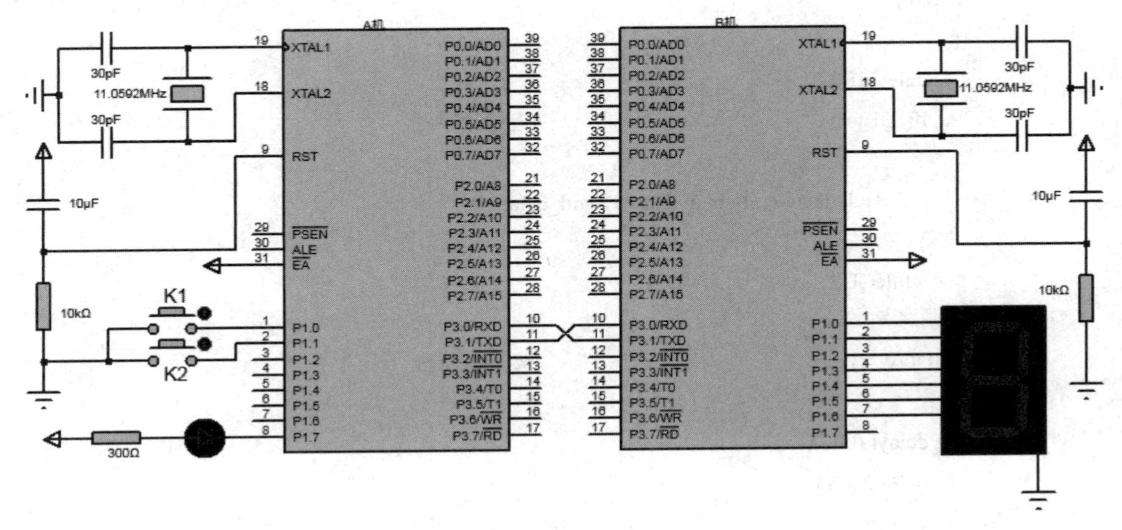

图 6.4　双机通信电路图

本题设计定时计数器 1 工作于方式 2，串行口工作于方式 1，波特率为 9600 b/s。

A 机程序：

```
#include <REGX51.H>
sbit UP = P1^0;                          //按键加
sbit DOWN = P1^1;                        //按键减
sbit LED = P1^7;
char send_data;
unsigned char i;
void delay(unsigned int a)               //延时程序
{
    while(a--);
}
void INIT( )                             //初始化串行口中断
{
    TMOD = 0x20;                         //设置定时计数器 1 工作于方式 2
    TR1 = 1;
    TH1 = 0xfd;
    TL1 = 0xfd;                          //波特率为 9600 bps
    SCON = 0x50;                         //方式 1，REN = 1
    ES = 1;                              //使能串口中断
    EA = 1;                              //中断总开关开启
}
void key_scan( )                         //按键扫描程序
{
    if(!UP)
    {
        delay(1000);
        if(!UP)                          //发送数字加
        {
            send_data++; if(send_data>9)send_data = 9;
        }
        while(!UP);
    }
    if(!DOWN)                            //发送数字减
    {
        delay(1000);
        if(!DOWN)
        {
```

```
                send_data--; if(send_data <= 0)send_data = 0;
            }
            while(!DOWN);
        }
    }
    void main( )
    {
        INIT( );
        while(1)
        {
            key_scan( );                          //调用按键扫描函数
            SBUF = send_data; delay(1000);
            if(i == 0xaa)LED=0; else LED = 1;     // A 机接收到 0xaa 时 LED 亮
        }
    }
    void Serial( ) interrupt 4
    {
        if(RI){RI = 0; i = SBUF; }                //当 B 机接收到 9 时，会发 0xaa 回 A 机
        else TI = 0;
    }
```

B 机程序：

```
    #include <REGX51.H>
    unsigned char num[] = {0x3f, 0x06, 0x5b, 0x4f, 0x66,
    0x6d, 0x7d, 0x07, 0x7f, 0x6f};                //数码管代码表
    unsigned char i;
    void delay(unsigned int a)                    //延时程序
    {
        while(a--);
    }
    void INIT( )
    {
        TMOD = 0X20;                              //设置定时计数器 1 工作于方式 2
        TR1 = 1;
        TH1 = 0Xfd;
        TL1 = 0Xfd;                               //波特率为 9600 bps
        SCON = 0X50;                              //方式 1，REN = 1
        ES = 1;                                   //使能串口中断
        EA = 1;                                   //中断总开关开启
```

```
}
void main( )
{
    INIT( );
    while(1)
    {
        P1 = num[i];
        if(i == 9)SBUF = 0xaa;     //当 B 机收到 9 时，发送 0xaa；A 机收到 0xaa 时 LED 亮
        else SBUF = 0x55;          //否则发送 0x55，A 机收到 0x55 时 LED 灭
        delay(1000);
    }
}
void Serial( ) interrupt 4
{
    i = SBUF;                          //接收数据
    if(RI)RI = 0; else TI = 0;         //清零 TI、RI
}
```

以上 A 机和 B 机都设为接收 REN = 1，双机都可收发数据；程序中 PCON 并无设置(波特率未加倍)，只需要定时计数器 1 的工作方式和初值相同波特率就相同；双机串行口的工作方式一样(方式 1)，数据结构为 10 位(无奇偶校验)，波特率可通过编程改变；串行口中断服务函数用于对 TI、RI 清零并接收 SBUF 的数据。

项目 4　步进电机的驱动控制

1. 步进电机介绍

步进电机是将电脉冲信号转变为角位移或线位移的开环控制元件。当步进驱动器收到一个脉冲信号，就会驱动电机按设定的方向转动一个固定的角度。不超载时，可以通过脉冲信号的频率和脉冲数来控制电机的转速、停止的位置。目前步进电机广泛用于机器人、打印机、数控机床等设备中。

从构造上看，步进电机可分为永磁式、反应式和混合式三种。步进电机有三线式、五线式和六线式三种，相数有 2 相、4 相和 5 相三种，但它们都有相同的控制方式，驱动它们都需要用脉冲信号电流。

单片机通过有顺序地给步进电机线圈施加有序的脉冲信号来控制步进电机的转动，步进电机的转速是通过调节脉冲信号频率来实现，而步进电机的转动方向则通过改变各相脉冲的先后顺序来实现。

步进电机线圈的励磁方式有 1 相励磁（又称单 4 拍方式）、2 相励磁（又称双 4 拍方式）和 1-2 相励磁（又称单双 8 拍方式）三种方式。以四相步进电机为例，四相步进电机有 4

组线圈，设 4 组线圈分别为 A、B、C、D。单 4 拍（A→B→C→D→A）方式表示在某一驱动瞬间步进电机只有一相导通；双 4 拍（AB→BC→CD→DA→AB）方式表示在某一驱动瞬间步进电机有两相导通；单双 8 拍（A→AB→B→BC→C→CD→D→DA→A）方式表示在某一驱动瞬间步进电机某一相或两相交替导通。其中，单双 8 拍是大多数步进电机的最佳工作方式。

四相步进电机的各种工作方式的时序如表 6.1 所示，表中的 1 和 0 表示高电平和低电平，表中的脉冲信号是高电平有效，但在步进电机与单片机连接的硬件电路中，电机的公共端与 VCC 连接，因此实际控制的脉冲信号是低电平有效。

表 6.1 四相步进电机的各种工作方式的时序表

工作方式	步码	通电线圈	二进制数				驱动数据	工作方式	步码	通电线圈	二进制数				驱动数据
			D	C	B	A	D7~D0				D	C	B	A	D7~D0
单4拍	1	A	0	0	0	1	0x01	单双8拍	1	A	0	0	0	1	0x01
	2	B	0	0	1	0	0x02		2	AB	0	0	1	1	0x03
	3	C	0	1	0	0	0x04		3	B	0	0	1	0	0x02
	4	D	1	0	0	0	0x08		4	BC	0	1	1	0	0x06
双4拍	1	AB	0	0	1	1	0x03		5	C	0	1	0	0	0x04
	2	BC	0	1	1	0	0x06		6	CD	1	1	0	0	0x0c
	3	CD	1	1	0	0	0x0c		7	D	1	0	0	0	0x08
	4	DA	1	0	0	1	0x09		8	DA	1	0	0	1	0x09

2. 步进电机驱动电路与编程

需要较大的电流才可以驱动步进电机转动，但单片机 I/O 的驱动能力有限，因此，常常使用功率集成电路来驱动步进电机，如 ULN2003A。

以四相步进电机为例，电路如图 6.5 所示，采用 ULN2003A 设计步进电机驱动电路。ULN2003A 属于大功率高速集成电路，其内部驱动单元电路是反向驱动电路，即当其输入端为高电平时，输出端为低电平，单片机的 P1.0 口低 4 位的脉冲信号通过驱动芯片 ULN2003A 放大后送给步进电机。使用时，只需要在四相线圈 4 个端口分别输入一定顺序的脉冲信号，也就是通过控制单片机的 P1.0-P1.3 引脚这 4 个端口的高低电平顺序，就可以控制步进电机的转动方向。本项目中，步进电机的驱动采用单双 8 拍方式，共有 8 个步码，正转步码为从第 1 到 8 步所对应的驱动数据，反过来，就是反转步码，即从第 8 到 1 步所对应的驱动数据。通过控制 ULN2003A 连续依次输出步码来实现电机的转动，正转和反转的步码分别存放在两个数组中，当发送正转步码时，电机正转；当发送反转步码时，电机反转；当不发送步码时，电机停转。为了达到调速的目的，可以通过控制脉冲频率控制电机的速度和加速度（Proteus 库中的元件名：电机：MOTOR-STEPPER；电机驱动芯片：ULN2003A；数码管：7SEG-COM-CAT-GRN）。

【例 6.4】硬件电路如图 6.5 所示，设计一个步进电机转速控制器：5 个按键分别控制电机的启/停、加速、减速、正转、反转；电机转速 10 级；采用一位共阴数码管显示转速级别；采用单片机定时计数器 0，工作于方式 1。

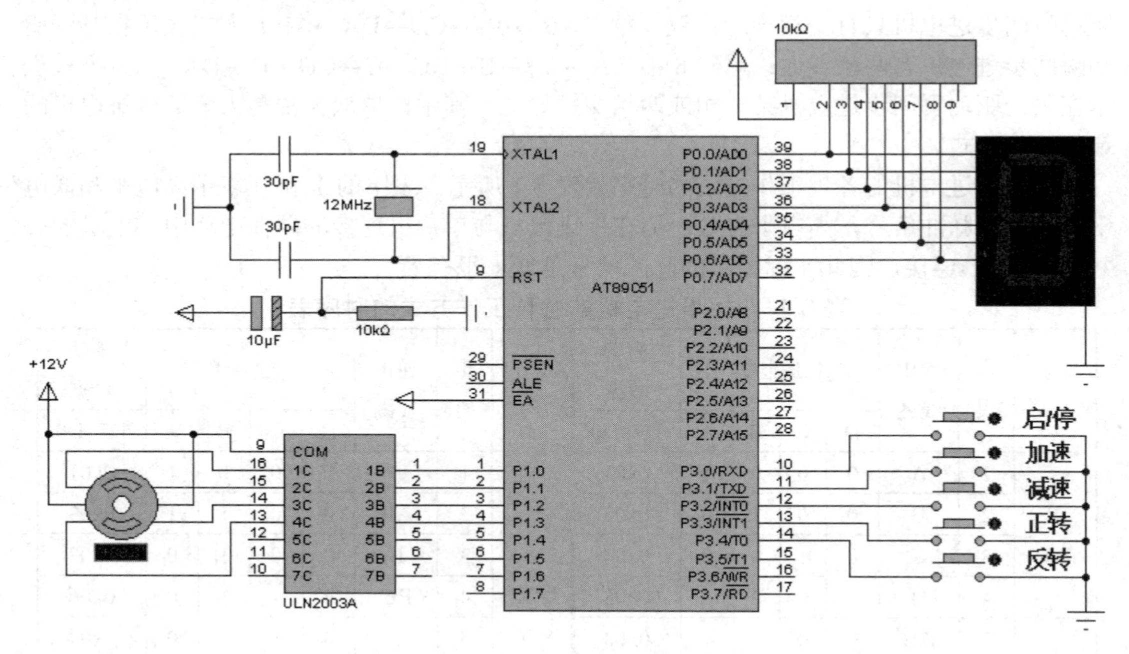

图 6.5　步进电机驱动电路图

其相应的程序如下：

```
#include<REGX51.H>
#define uchar unsigned char
#define uint unsigned int
uchar speed;                                    //电机速度量
uchar step;                                     //电机步进量
uchar counter;
uchar circle;                                   //循环量
bit start_stop;                                 //启/停电机标志位，1 启动 0 停止
bit rl_flag=1;                                  //正反转标志位，1 正 0 反
bit key_action;                                 //按键动作标志位，1 有动作
uchar table_r[8]={0x01,0x03,0x02,0x06,0x04,0x0c,0x08,0x09};      //正转
uchar table_l[8]={0x09,0x08,0x0c,0x04,0x06,0x02,0x03,0x01};      //反转
uchar num[]={0x3f,0x06,0x5b,0x4f,0x66,0x6d,0x7d,0x07,0x7f,0x6f};
                                                //共阴数码管代码表
void delayms(uint k)                            //延时函数
{
  uint i,j;
  for(i=k;i>0;i--)                              //i=k 即延时约 k 毫秒
       for(j=120;j>0;j--);
}
```

```
void timer0_INIT()                              //初始化定时计数器 0
{
  TMOD=0x01;                                    //设置定时计数器 0 工作于方式 1
  TH0=(65536-10000)/256;                        //定时 10 000 μs，即 10 ms
  TL0=(65536-10000)%256;
  EA=1;                                         //开中断总开关
  ET0=1;                                        //使能定时计数器 0 中断
  TR0=1;                                        //启动定时计数器 0
}
void scan_key()                                 //按键扫描程序
{
  P3=0xff;
  if(P3!=0xff)
  {
        delayms(10);                            //延时消抖
        while(P3==0xff);
        switch(P3)
        {
              case 0xfe:start_stop=!start_stop;break;  //启/停电机
              case 0xfd:if(speed<9) speed++;break;     //加速
              case 0xfb:if(speed>1) speed--;break;     //减速
              case 0xf7:rl_flag=1;break;               //正转
              case 0xef:rl_flag=0;break;               //反转
        }
        while(P3!=0xff);                        //等待按键释放
        key_action=1;
  }
  else
        key_action=0;
}
void main()
{
  timer0_INIT();                                //定时计数器 0 初始化
  while(1)
  {
        scan_key();                             //调用按键扫描函数
        if(key_action==1)
        {
              circle=10-speed;                  //循环 1-10 次
              counter=0;
```

```
                step=0;
            }
            P0=num[speed];                              //显示
        }
    }
    void    Timer0() interrupt 1                        //定时计数器 0 中断服务函数
    {
        TH0=(65536-10000)/256;                          //重新赋值
        TL0=(65536-10000)%256;
        counter++;                                          //counter 每 10 ms 自加 1
        if(counter >= circle)
        {
            counter=0;
            if(start_stop==1)
            {
                step++;                                 //步进量自加
                if(step>7)
                {
                    step=0;
                }
                else
                {
                    if(rl_flag==1)
                    {
                        P1=table_r[step];               //正转
                    }
                    else
                    {
                        P1=table_l[step];               //反转
                    }
                }
            }
            else
                P1=0x00;
        }
    }
```

步进电机拍与拍之间的驱动都要有一定延时，其转速的调节可以通过控制延时时间来实现，但这个延时时间需要合理控制，若过少，会造成步进电机工作不正常，比如丢步或堵转。

项目 5　液晶显示器接口

液晶显示器是利用液晶能改变光线传输方向的特性来实现显示信息的器件。由于其具有体积小、功耗低、显示内容丰富等优点，在生活中的运用十分广泛。LCD1602 是 2 × 16 的点阵字符型显示器，可以显示 2 行，每行 16 个字符，如图 6.6 所示。

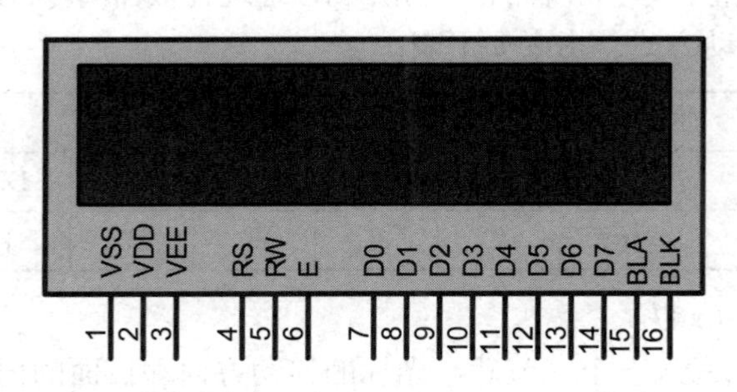

图 6.6　LCD1602 点阵字符型显示器

各引脚功能如下：

1 脚：VSS，电源地。

2 脚：VDD，电源 +5 V。

3 脚：VEE，LCD 对比度调节。电压越高，对比度越低。

4 脚：RS，数据/指令的寄存器选择信号。RS 为高电平时，选择数据寄存器；RS 为低电平时，选择指令寄存器。

5 脚：R/W，读写选择端。R/W 为高电平时，把液晶中的数据读到单片机中；R/W 为低电平时，把单片机的数据写入液晶中。

6 脚：E，片选使能端。E 为高电平时，允许对液晶进行读操作；E 从高电平变成低电平时，对液晶进行写操作。

7～14 脚：D0～D7，8 位双向数据总线。

15、16 脚：液晶背光正负极。

1. 液晶显示器的指令及功能

点阵液晶显示器有 11 条指令，其指令及功能如下。

(1) 清屏。指令如下表：

控制信号		指 令 内 容							
RS	RW	D7	D6	D5	D4	D3	D2	D1	D0
0	0	0	0	0	0	0	0	0	1

指令内容：0x01。

指令功能：清除屏幕，将显示缓冲区的内容全部写入字符代码为 20H 的“空格”，将光标复位后移到屏幕的左上角。

(2) 光标复位。指令如下表：

控制信号		指 令 内 容							
RS	RW	D7	D6	D5	D4	D3	D2	D1	D0
0	0	0	0	0	0	0	0	1	X

指令内容：0x02～0x03。

指令功能：光标复位，移到屏幕的左上角；AC地址计数器清零；DDRAM的内容不变。

(3) 显示内容的移动方式。指令如下表：

控制信号		指 令 内 容							
RS	RW	D7	D6	D5	D4	D3	D2	D1	D0
0	0	0	0	0	0	0	1	I/D	S

指令内容：0x04～0x07。

指令功能：设置当写入一个字节后，光标的移动方向和后面的内容是否移动。

① 当I/D = 1时，读或写完一个数据操作后，地址指针AC加1，光标右移1格。

当I/D = 0时，读或写完一个数据操作后，地址指针AC减1，光标左移1格。

② 当S = 1时，写一个数据操作后，整屏显示左移(I/D = 1)或右移(I/D = 0)，光标不移动；

当S = 0时，写一个数据操作后，整屏显示不移动。

(4) 显示器开/关控制。指令如下表：

控制信号		指 令 内 容							
RS	RW	D7	D6	D5	D4	D3	D2	D1	D0
0	0	0	0	0	0	1	D	C	B

指令内容：0x08～0x0f。

指令功能：

① 当D = 0时，不显示DDRAM中的内容；

当D = 1时，显示DDRAM中的内容。

② C为光标控制开关。C = 1，显示光标；C = 0，不显示光标。

③ 字符闪烁控制开关。B = 1，光标出现的字符会闪烁；B = 0，表示字符不闪烁。

(5) 光标移位命令。指令如下表：

控制信号		指 令 内 容							
RS	RW	D7	D6	D5	D4	D3	D2	D1	D0
0	0	0	0	0	1	S/C	R/L	X	X

指令内容：0x10～0x1f。

指令功能：光标移动或整幕移动。

① 当 S/C = 1 时，整屏字幕平移 1 个字符位；

当 S/C = 0 时，仅光标平移 1 个字符位。

② R/L = 1，表示光标右移；R/L = 0，表示光标左移。

(6) 功能设置命令。指令如下表：

控制信号		指 令 内 容							
RS	RW	D7	D6	D5	D4	D3	D2	D1	D0
0	0	0	0	1	DL	N	F	X	X

指令内容：0x20～0x3f。

指令功能：

① 当 DL = 1 时，数据接口为 8 位；

当 DL = 0 时，数据接口为 4 位，使用 D7～D4 位分两次送入 1 个完整的字符数据。

② 当 N = 1 时，采用双行显示；当 N = 0 时，采用单行显示。

③ 当 F = 1 时，采用 5 × 10 点阵显示；当 F = 0 时，采用 5 × 7 点阵显示。

(7) 字库 CGRAM 地址设置命令。指令如下表：

控制信号		指 令 内 容							
RS	RW	D7	D6	D5	D4	D3	D2	D1	D0
0	0	0	1	CGRAM 的地址					

指令编码：0x40～0x7f。

指令功能：设置用户自定义的要读/写数据的 CGRAM 地址；地址使用(D5～D0)送出，可设定 0～63 共 64 个地址。

(8) 显示缓冲区 DDRAM 地址设置命令。指令如下表：

控制信号		指 令 内 容							
RS	RW	D7	D6	D5	D4	D3	D2	D1	D0
0	0	1	DDRAM 的地址						

指令编码：0x80～0xff。

指令功能：设定当前要读/写数据的显示缓冲区 DDRAM 地址，地址使用(D6～D0)送出，可设定 0～127 共 128 个地址。

(9) 忙碌标志位 BF 和地址计数器 AC 的值。指令如下表：

控制信号		指 令 内 容							
RS	RW	D7	D6	D5	D4	D3	D2	D1	D0
0	0	BF	AC 的值						

指令功能：

① 当 BF = 1 时，不接收单片机送来的指令或数据；

当 BF = 0 时，可以接收命令或数据。

② 读取数据的内容，D6～D0 的值表示 AC 值。

(10) 写数到 CGRAM 或 DDRAM。指令如下表：

控制信号		指令内容							
RS	RW	D7	D6	D5	D4	D3	D2	D1	D0
1	0	写入数据							

指令功能：先设定 CGRAM 或 DDRAM 的当前地址，再将数据写入 D7～D0 中，使液晶显示出字形或用户自定义的字符图形。

(11) 读 CGRAM 或 DDRAM 命令。指令如下表：

控制信号		指令内容							
RS	RW	D7	D6	D5	D4	D3	D2	D1	D0
1	1	读出数据							

先设定 CGRAM 或 DDRAM 的当前地址中，读取其中的数据。

2. 液晶显示接口电路与编程

如图 6.6 所示为 LCD1602 液晶显示器的接口电路，给液晶提供相应的工作电源，连接好数据通信端口即可。

在使用液晶时须进行初始化，具体步骤如下：

(1) 对液晶进行清屏：对 DDRAM 显示缓冲区的内容全写入空格，光标复位加到显示器左上角，AC 地址计数器清零。

(2) 功能设置：选择 LCD1602 与单片机连接的方式(可选择 8 位)，设置显示行数(一般为 2 行)，设置字形大小(5×7 点阵)。

(3) 显示器开/关控制：控制光标显示与否，字符闪烁与否。

(4) 设置显示内容的移动方式：设定光标移动方向和当前内容是否移动。

在 LCD1602 的控制器带有 160 个不同点阵字符库，常用的字符如表 6.2 所示。

表 6.2　常 用 字 符

	0000 (CGRAM)	0010	0011	0100	0101	0110	0111
0000	(1)		0	@	P	\	p
0001	(2)	!	1	A	Q	a	q
0010	(3)	~	2	B	R	b	r
0011	(4)	#	3	C	S	c	s
0100	(5)	$	4	D	T	d	t
0101	(6)	%	5	E	U	e	u
0110	(7)	&	6	F	V	f	v

续表

	0000 (CGRAM)	0010	0011	0100	0101	0110	0111
0111	(8)	’	7	G	W	g	w
1000	(1)	(	8	H	X	h	x
1001	(2)	)	9	I	Y	i	y
1010	(3)	*	:	J	Z	j	z
1011	(4)	+	;	K	[	k	{
1100	(5)	,	<	L	¥	l	|
1101	(6)	–	=	M	]	m	}
1110	(7)	.	>	N	^	n	→
1111	(8)	/	?	O	—	o	←

【例 6.5】 硬件电路如图 6.7 所示，设计一个 LCD1602 液晶显示程序：在第一行从第一个位置开始显示“GUET”；第二行第 5 个位置显示 1 个数字，该数字从 0～9 自加；第二行第 8 个位置显示光标闪烁。

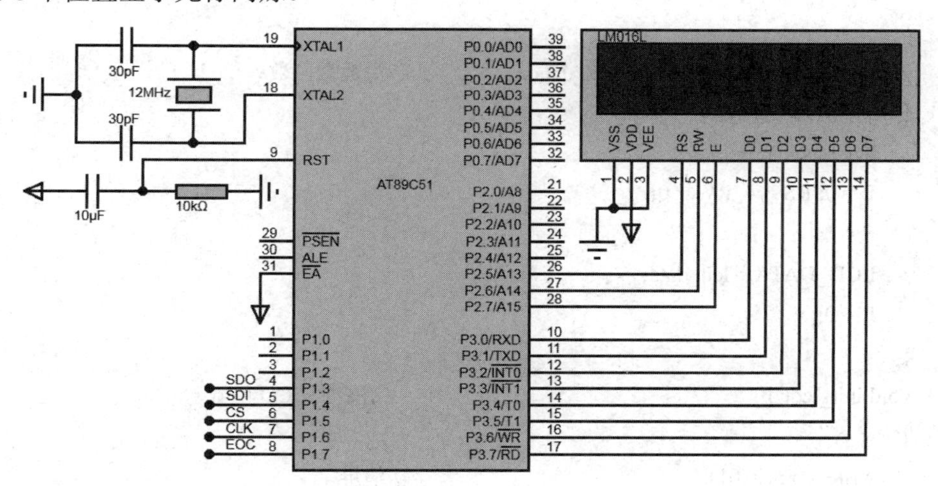

图 6.7　LCD1602 液晶显示器接口电路

```
#include <REGX51.H>
unsigned char num[10] = {'0', '1', '2', '3', '4', '5', '6', '7', '8', '9'};
//定义液晶端口
#define LCD_DATA P3
sbit RS = P2^5;
sbit RW = P2^6;
sbit E = P2^7;
void delay(unsigned int a)                    //延时函数
{while(a--);
```

```
}
void lcd_busy( )                                    //检查 LCD 忙函数
{
    LCD_DATA = 0xff;
    RS = 0;
    RW = 1;
    E = 0; E = 1;
    while(LCD_DATA&0x80){E = 0; E = 1; };           //忙等待
}
void write_com(unsigned char command)               //写命令函数
{
    lcd_busy( );
    E = 0; RS = 0; RW = 0;
    E = 1;
    LCD_DATA = command;
    E = 0;
}
void write_data(unsigned char lcd_data)             //写数据函数
{
    lcd_busy( );
    E = 0; RS = 1; RW = 0;
    E = 1;
    LCD_DATA = lcd_data;
    E = 0;
}
void init_lcd( )                                    //初始化 LCD 函数
{
    write_com(0x01);                                //清屏
    write_com(0x38);                                // 5*7 点阵
    write_com(0x0c);                                //显示器开，光标关闭，字符不闪烁
    write_com(0x06);                                //字符不动，光标自动向右移 1 格
}
void main( )
{
    unsigned char i;
    bit flag;
    init_lcd( );
    while(1)
```

```
{    write_com(0x80);                    //第一行第 1 个地址
     write_data('G');                    //显示 G
     write_data('U');                    //显示 U
     write_data('E');                    //显示 E
     write_data('T');                    //显示 T
     write_com(0xc4);                    //第二行第 5 个地址
     write_data(num[i++]);               //显示数字自加
     if(i>9) i = 0; delay(50000);
     write_com(0xc7);                    //第二行第 8 个地址
     flag =! flag;
     if(flag)write_data(0xff);           //光标
     else write_data(0xfe);              //反白
  }
}
```

项目 6　基于 LTC1456 的 12 位数模/转换

LTC1456 是一个单电源供电，轨对轨输出，12 位数字模拟转换器(DAC)。它包含一个轨对轨输出缓冲放大器和一个易于使用的线级联串行接口。LTC1456 内部包含一个 2.048 V 参考电压，可以输出电压从 0 V 到 4.095 V。它的工作电源从 4.5 V 到 5.5 V，散热 2.2 mW。LTC1456 的引脚图如图 6.8 所示，其各引脚功能说明如下：

CLK：串行接口的时钟端。

DIN：串行数据输出端。串行时钟的上升沿时，DIN 的数据锁存到移位寄存器中。

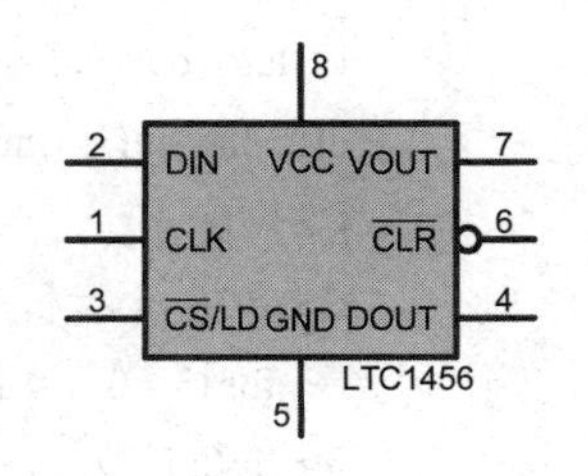

图 6.8　LTC1456 引脚图

CS/LD：串行接口使能和加载控制端。当 CS/LD 低电平时，数据被锁入；当 CS/LD 拉高时，加载的数据从移位寄存器传入到 DAC 寄存器中并更新 DAC 输出；当 CS/LD 为高电平时，内部时钟禁用。

DOUT：当串行时钟的上升延时，移位寄存器的输出有效。

GND(引脚 5)：电源地。

CLR：清除输入的数据。当引脚拉低时，将异步清零内部移位寄存器和 DAC 寄存器，当引脚拉高时，芯片正常运行。

VOUT 高(引脚 7)：缓冲 DAC 输出。

VCC(引脚 8)：正电源输入。4.5 V≤VCC≤5.5 V。

【例 6.6】 硬件电路如图 6.9 所示，使用 LTC1456 输出锯齿波。

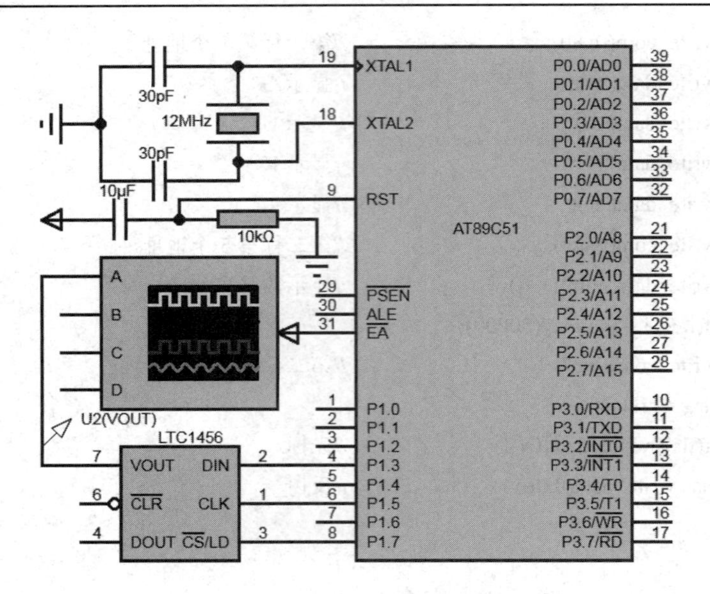

图 6.9　LTC1456 硬件电路图

```
#include <REGX51.H>
sbit DIN = P1^3;                    //定义 LTC1456 的 DIN 端口
sbit CK = P1^5;                     //定义 LTC1456 的 CLK 端口
sbit CS = P1^7;                     //定义 LTC1456 的 CS 端口
void DA_out(float dat, bit flag)    // LTC1456 的控制函数，flag 为 1 时 dat 可从 0 到 4.096
{                                   //flag 为 0 时，dat 可用 10 进制从 0 到 4096
    unsigned char i = 0;
    unsigned int dat_buf;
    if(flag){dat_buf = dat*1000; flag = 0; }
    else dat_buf = (int)dat;
    CS = 1;
    CS = 0;
        for (i = 0; i < 4; i++)dat_buf <<= 1;          //向左移 4 位，高 4 位无用
    for (i=0; i < 12; i++)                             //由高到低写入 12 位数据
    {
        DIN = (bit)(dat_buf & 0x8000);
        CK = 1;
        dat_buf <<= 1;                                 //向左移位
        CK = 0;
    }
    CS = 1;
    CS = 0;
}
```

```
void main( )
{
    unsigned int i = 0;
    CK = 0;
    CS = 0;
    while(1)
    {
        // DA_out(1.234, 1);
        DA_out(i, 0);
        i++; if(i>100) i = 0;
    }
}
```

将电路按图 6.9 连接好后，点击 proteus 的运行键。从示波器可以看到图 6.10 的波形。上述程序中的 void DA_out(float dat, bit flag)函数为 LTC1456 的驱动函数，由于 LTC1456 是一个 12 位的 DA，2 个字节数据的高 4 位为无效位，用 for 语句将其向左移 4 位。剩下的 12 位有效位依次从高到低逐位送入 LTC1456 中。

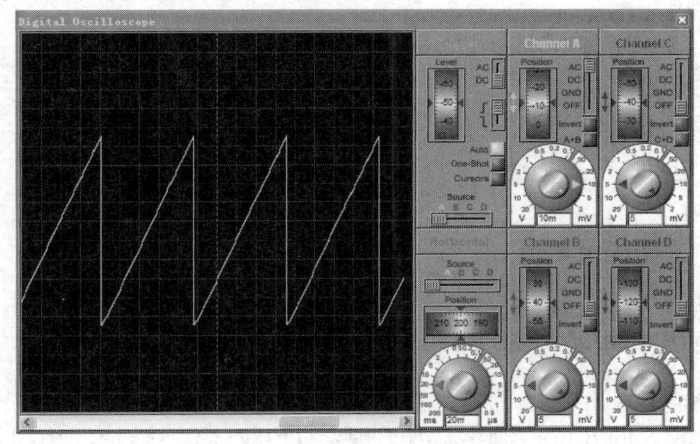

图 6.10　LTC1456 的波形图

LTC1456 是一个内带基准源的单通道 12 位数模转换芯片，外围电路及接口十分简单。提供相应的电压源后，只需 3 根控制线即可对其进行操作。

项目 7　基于 TLC2543 的 12 位模/数转换

1. TLC2543 的介绍

TLC2543 是 TI 公司生产的 11 通道 12 位开关电容逐次逼近型串行 A/D 转换器。在工作温度范围内转换时间 10 μs；采样率为 66 kbps；线性误差 +1 LSB(max)；有转换结束(EOC)输出；具有单、双极性输出；可编程的 MSB 或 LSB 前导；可编程的输出数据长度。

TLC2543 的引脚排列如图 6.11 所示，其各引脚功能说明如下：

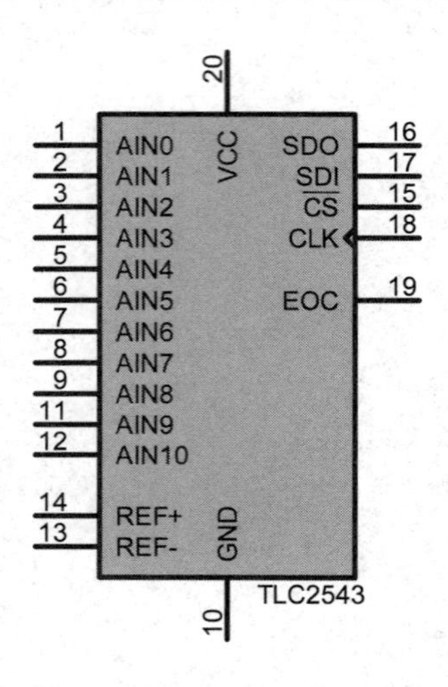

图 6.11　TLC2543 的引脚排列图

AIN0～AIN10：模拟输入端。

REF+：正基准电压端。

REF-：负基准电压端。

CS：片选端。

SDI ：串行数据输入端。

SDO：A/D 转换结果的三态串行输出端。

EOC：转换结束端。

CLK：I/O 时钟。

VCC：正电源 4.5 V～5.5 V。

GND：电源地。

2. TLC2543 的接口电路与编程

(1) 控制字的格式。

从 SDI 端串行输入的 8 位控制字，用于规定 TLC2543 要转换的模拟量通道、转换后的输出数据长度和输出数据的格式。其中高 4 位(D7～D4)用于选择 11 个通道号，该 4 位分别为 0000～1010H；当为 1011～1101 时，用于对 TLC2543 的自检，分别测试(VREF+＋VREF−)/2、VREF− 和 VREF+ 的值；当为 1110 时，TLC2543 进入休眠状态。低 4 位决定输出数据长度及格式：其中 D3、D2 决定输出数据长度，01 表示输出数据长度为 8 位，11 表示输出数据长度为 16 位，其他为 12 位；D1 决定输出数据是高位先送出，还是低位先送出，该位为 0 表示高位先送出；D0 决定输出数据是单极性(二进制)还是双极性(2 的补码)，若为单极性，该位为 0，反之为 1。

(2) 转换过程。

上电后，片选 CS 必须从高到低才能开始一次工作周期，此时 EOC 为高，输入数据寄存器被置为 0，输出数据寄存器的内容是随机的。开始时，CS 片选为高，I/O CLOCK、DATA INPUT 被禁止，DATA OUT 呈高阻状，EOC 为高。使 CS 变低，I/OCLOCK、DATAINPUT 使能，DATAOUT 脱离高阻状态。12 个时钟信号从 I/OCLOCK 端依次加入，随着时钟信号的加入，控制字从 DATAINPUT 一位一位地在时钟信号的上升沿时被送入 TLC2543(高位先送入)，同时上一周期转换的 A/D 数据，即输出数据寄存器中的数据从 DATAOUT 一位一位地移出。TLC2543 收到第 4 个时钟信号后，通道号也已收到，此时 TLC2543 开始对选定通道的模拟量进行采样，并保持到第 12 个时钟的下降沿。在第 12 个时钟下降沿，EOC 变低，开始对本次采样的模拟量进行 A/D 转换，转换时间约需 10 μs，转换完成后 EOC 变高，转换的数据在输出数据寄存器中，待下一个工作周期输出。此后，可进行新的工作周期。

【例 6.7】 采用 TLC2543 的通道 5 对外部电压进行采集并通过 LCD1602 进行显示。根据图 6.12 设置 TLC2543 的输出端 DATAOUT 采用 16 位的输出格式，输入端 DATAINPUT 应设置为 0101 1100。硬件电路如图 6.13 所示。

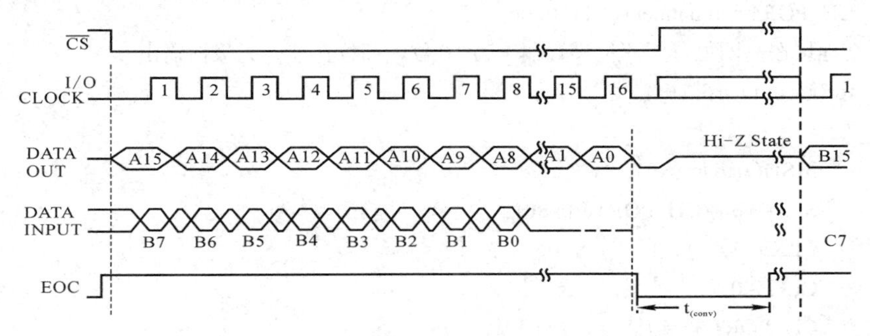

图 6.12　TLC2543 输出端示意图

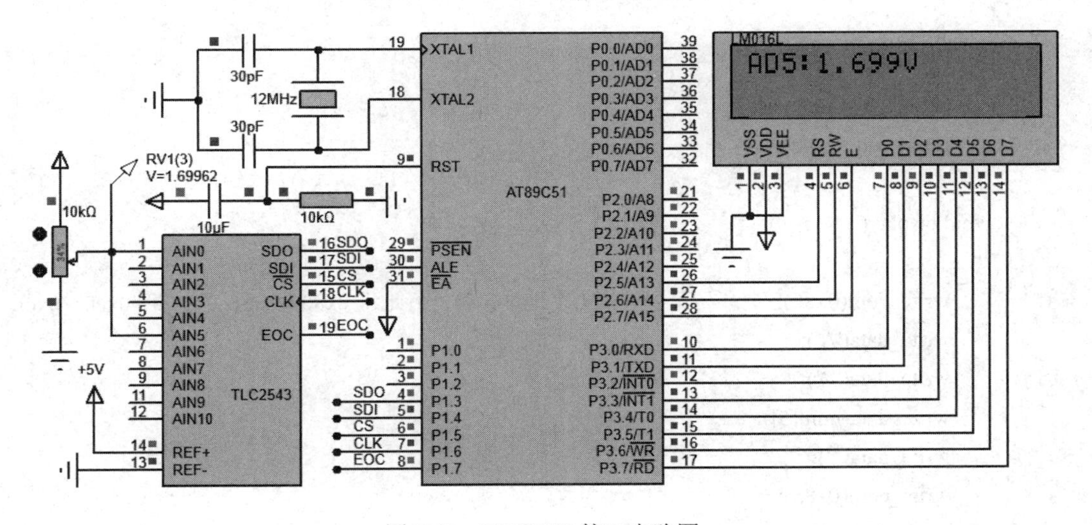

图 6.13　TLC2543 接口电路图

```
#include <REGX51.H>
#include <LCD1602.H>
sbit SDO = P1^3;
sbit SDI = P1^4;
sbit CS = P1^5;
sbit CLK = P1^6;
```

```
sbit EOC = P1^7;
unsigned int ad;
float votage;
unsigned int read_ad(unsigned char channel)
{
    unsigned char i;
    unsigned int ad = 0;
    unsigned int ad_value; unsigned char CH_PORT;
    CS = 0;
    CLK = 0;
    CH_PORT = (channel << 4) | 0x0c;
    //地址在高四位，低四位设置输出为 16 位，高位在前，无极性输出
    for(i = 0; i < 16; i++)
    {
        if(SDO)ad |= 0x01;
        SDI = (bit)(CH_PORT&0x80);
        CLK = 1;
        CLK = 0;
        CH_PORT <<= 1;
        ad <<= 1;
    }
    CS = 1;
    ad_value = ad >> 1;
    return (ad_value);
}
void display( )
{
    write_com(0x80);          //第一行第 1 个地址；第一行地址 0x80～0x8f；第二行 0xc0～0xcf;
    write_data('A');
    write_data('D');
    write_data(num[5]);
    write_data(':');
    write_com(0x85);
    write_data('.');
    write_com(0x89);
    write_data('V');
    write_com(0x84);
    write_data(num[ad/1000]);
    write_com(0x86);
    write_data(num[ad%1000/100]);
```

```
    write_com(0x87);
    write_data(num[ad%100/10]);
    write_com(0x88);
    write_data(num[ad%10]);
}
void main( )
{
    init_lcd( );                              /初始化液晶
    while(1)
    {
        voltage = read_ad(5)/4095.0;          //计算真实电压值
        ad = voltage*5000;                    //计算显示值
        display( );
    }
}


//////////////////////////////////////////////////////////////////////////////////////////////////////////////////


     //LCD1602 头文件
unsigned char num[10] = {'0', '1', '2', '3', '4', '5', '6', '7', '8', '9'};
//定义液晶端口
#define LCD_DATA    P3
sbit RS = P2^5;
sbit RW = P2^6;
sbit E = P2^7;
void lcd_busy( )                              //检查 LCD 忙函数
{
    LCD_DATA = 0xff;
    RS = 0;
    RW = 1;
    E = 0; E = 1;
    while(LCD_DATA&0x80){E = 0; E = 1; };     //忙等待
}
void write_com(unsigned char command)         //写命令函数
{
    lcd_busy( );
    E = 0; RS = 0; RW = 0;
    E = 1;
```

```
        LCD_DATA = command;
        E = 0;
    }
    void write_data(unsigned char lcd_data)          //写数据函数
    {
        lcd_busy( );
       E = 0; RS = 1; RW = 0;
        E = 1;
        LCD_DATA = lcd_data;
        E = 0;
    }
    void init_lcd( )//初始化 LCD 函数;
    {
        write_com(0x01);                     //清屏
        write_com(0x38);                     // 5*7 点阵
        write_com(0x0c);                     //显示器开，光标关闭，字符不闪烁
        write_com(0x06);                     //字符不动，光标自动向右移 1 格
    }
```

TLC2543 必须提供一个稳定的基准源，模数转换的数据才能稳定正确的输出。转换模式有 8 位、12 位、16 位输出，采用 16 位模式有效位和 12 位模式的长度一样，而 8 位模式的有效位虽降低，但转换速度有所增快。

项目 8　I²C 总线存储器

对于复杂的单片机应用系统，器件之间短距离通信的物理线路较多，增大了硬件系统设计的难度，且不利于系统的稳定。为了解决这一问题，Philips 公司提出了 I²C (Inter-Integrated Circuit)总线协议，广为用户所使用。I²C 总线只有两根线，大大减少了硬件接口，降低了成本。I²C 串行数据传输速率在标准模式下可达 100 kb/s，快速模式下可达 400 kb/s，高速模式下可达 3.4 Mb/s。

MSC-51 单片机不具有 I²C 接口，但同样能够实现基于 I²C 总线的串行数据传输。本节将介绍如何实现 51 单片机模拟 I²C 总线通信。

1. I²C 总线通信协议介绍

1) I²C 总线的基本结构

图 6.14 为 I²C 总线的基本结构图，其中 SCL 为串行时钟线，SDA 为串行数据线，总线上各器件采用漏极开路结构，各器件的时钟线和数据线都是线“与”关系。

I²C 总线支持多主和主从两种工作方式，通常为主从工作方式。在主从工作方式中，系统中只有一个主器件(如单片机)，其他器件都是具有 I²C 总线接口的从器件，且每个从器件都具有唯一的地址。在主从工作方式中，主器件控制通信时序，包括发出启动信号、时

钟信号、停止信号等。

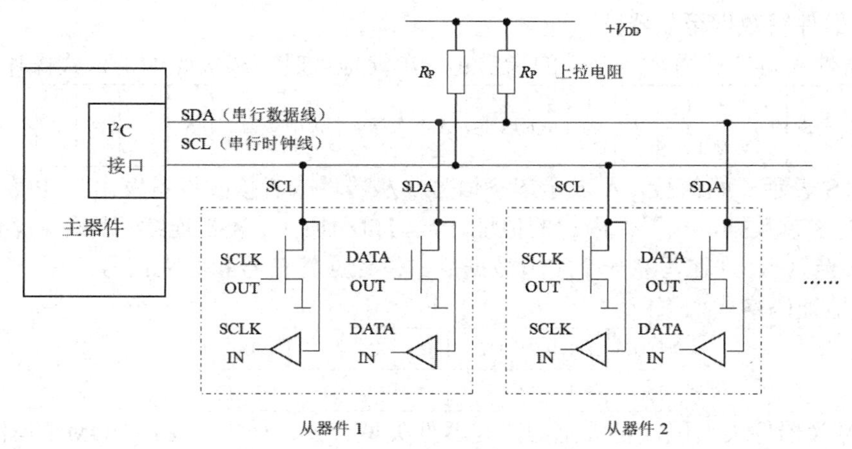

图 6.14　I^2C 总线的基本结构图

2) I^2C 总线通信时序

I^2C 总线通信时序如图 6.15 所示。

(1) 准备：I^2C 总线没有进行信息传递时，数据线(SDA)和时钟线(SCL)都为高电平，总线处于释放状态。

(2) 开始信号：当主器件准备向某从器件传输数据时，首先向总线发出开始信号（SCL 为高电平时，SDA 由高电平向低电平跳变），通知从器件数据传输即将开始。

(3) 数据传输：传输的数据单位为 1 字节（8 位），高位在前，低位在后。SCL 每产生 1 个脉冲，即完成 1 位数据的传送。SCL 为高电平期间，SDA 上的数据必须保持稳定，只有 SCL 为低电平期间才允许数据发生变化。

(4) 应答信号：每传送完 1 字节数据（含地址及命令字）后，接收设备需要给发送设备回应一个应答信号，以确定通信正常。即在 SCL 信号为高电平期间，接收设备将 SDA 拉为低电平，作为应答信号，表示数据接收正常。

(5) 非应答信号：主器件为接收设备时，在接收最后 1 字节数据后向发送设备发出一高电平信号（称为非应答信号）或者不应答，以表示即将结束数据传输，从器件将等待主器件的结束信号。

(6) 结束信号：全部数据传输完毕后，主器件发送结束信号：SCL 为高电平时，SDA 由低电平向高电平跳变。最后两根信号线均处于释放状态。

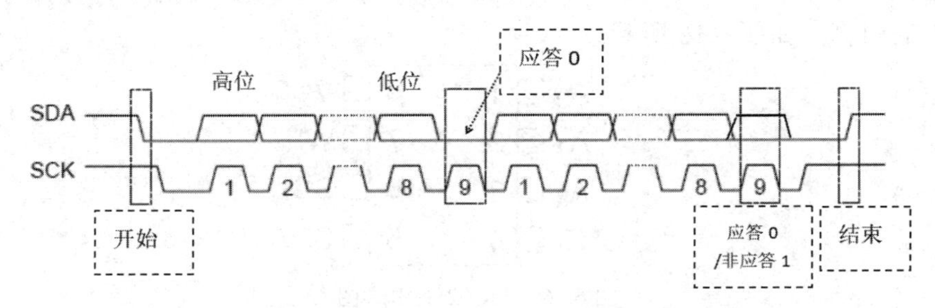

图 6.15　I^2C 总线通信时序图

3) I²C 总线通信数据格式

(1) 主器件写数据至从器件。

当主器件需将数据写至从器件的指定起始单元地址时，须按照如下格式操作：

S	器件地址码（写操作）	A	器件单元地址	A	数据 1	A	数据 2	A	…	A	P

其中，S 表示开始信号，A 表示应答信号（从器件或者接收设备发出），P 表示结束信号。每写 1 字节数据，从器件内部的地址计数器自动加 1，属于连续写操作。若只需写一个数据（字节写入），在写完一个字节数据后，发送应答信号和结束信号即可。

器件地址码格式如下：

D7	D6	D5	D4	D3	D2	D1	D0
器件类型码				器件片选			$R/\overline{W}$

高 4 位为器件类型码，是固定的，与器件类型有关，如串行 EEPROM 的器件类型码为 1010。D3、D2、D1 取决于器件的片选信号，同一 I²C 总线上只能有 8 个相同类型的器件。$R/\overline{W}$ 为读/写操作控制位，0 为写操作，1 为读操作。

(2) 主器件读取从器件的数据。

当主器件需读取从器件单元地址的数据时，须按照如下格式操作：

S	器件地址码（写操作）	A	器件单元地址	A	Sr	器件地址码（读操作）	A	数据 1	A	数据 2	A	…	N	P

其中，Sr 表示重新开始信号（与 S 信号相同），N 表示非应答信号。需注意：此过程中 S，A，Sr，N 以及 P 信号均为主器件发出。每读取 1 字节数据，从器件内部的地址计数器自动加 1。

若读取从器件当前地址的数据，只需按照如下格式操作即可。注意：此格式在接收最后 1 字节数据后可回应答信号“0”或非应答信号“1”，也可不作应答。

S	控制码（读操作）	A	数据 1	A	数据 2	A	…	A/N	P

2. 24C02 存储器介绍

24C02 是基于 I²C 总线的 EEPROM 存储器件，具有接口方便，体积小，数据掉电不丢失等特点，在仪器仪表及工业自动化控制中得到广泛应用。

1) 24C02 的引脚

24C02 的引脚图如图 6.16 所示。

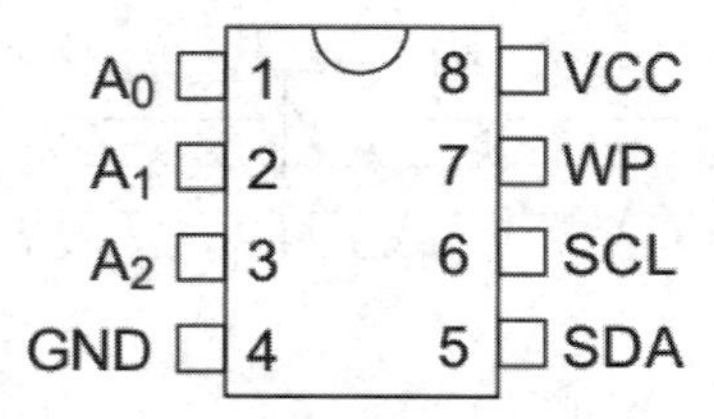

图 6.16　24C02 的引脚图

A2，A1，A0：芯片地址输入引脚。若 3 个引脚均接低电平，则器件地址码中 D3、D2、

D1 为 000；

VCC , GND：电源和接地引脚。

WP：写保护，当 WP 接地时，允许对存储器读写操作；当 WP 接高电平时，存储器处于写保护，即只读操作模式。

SDA：串行数据线，双向传输线，漏极开路，需外接上拉电阻到 VCC(典型阻值为 10 kΩ)。

SCL：串行时钟线，产生所有数据发送或接收的时钟。

2) 24C02 的存储单元地址和读写操作

24C02 存储容量为 2 kbit，共 256 Byte。因此 24C02 有 256 个存储单元地址，寻址分别为 0x00～0xff。

对 24C02 的读写操作参照前面 I^2C 总线通信数据格式即可。需要注意的是，24C02 的写操作分为字节写入和页写入两种模式，页写入模式为连续写数据操作，在发送结束信号之前，连续写入的字节数不能超过一页字节数(由具体的芯片型号决定，如 AT24C02C 为 8 个，CAT24WC02 为 16 个)，否则之前写入的数据将被覆盖。

3. 基于 I^2C 总线的 24C02 存储器编程

【例 6. 8】 利用单片机和 24C02 存储器设计一个计数记忆系统，实现对按键按下次数的累计，要求系统具有记忆功能，即掉电不丢数据。

基于 24C02 的计数记忆系统框图如图 6.17 所示。设计思路：按键按下的次数信息存储于 24C02 存储器，由于 24C02 存储器具有掉电不丢失数据的特点，因此可实现系统的记忆功能。每次按键状态发生变化后，均先由单片机读取 24C02 的历史记忆数据，在此基础上更新按键按下次数信息，再将更新的信息存入 24C02，并显示更新后的信息。

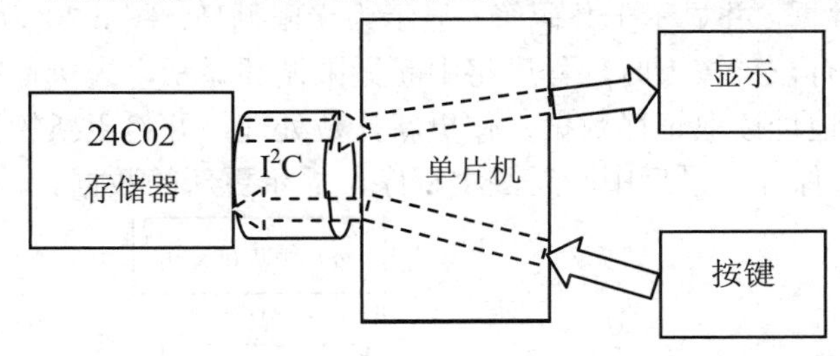

图 6.17　基于 24C02 的计数记忆系统框图

图 6.18 为基于 24C02 的计数记忆系统电路图。由于单片机 P1 端口内部有上拉电阻，故电路中 24C02 的数据线和时钟线可以不外接上拉电阻。按键接于外部中断 0 引脚 P3.2，因此可通过外部中断 0 获取按键状态信息。P0 端口接了一位共阳数码管，可显示 0～F，最多可标志按键按下 15 次，如有需要，可扩展显示位数。图中标有“I^2C”的仪器为 I^2C Debugger，是一个 I^2C 虚拟调试器，用于监测 I^2C 总线上传输的信号或数据，是测试 I^2C 控制程序比较实用的调试工具。

程序设计步骤：

(1) 确定 24C02 的器件地址码。

24C02 的器件类型码为 1010；由于电路中 24C02 的 A2、A1、A0 均接了地，故器件地址码中 D3、D2、D1 为 000；再结合读/写控制位 $R/\overline{W}$，可得对 24C02 写操作时器件地址码为：1010 0000(0xa0)；读操作时器件地址码为：1010 0001（0xa1）。实验中存储数据的器件单元地址选为0x08（任选，可修改）。

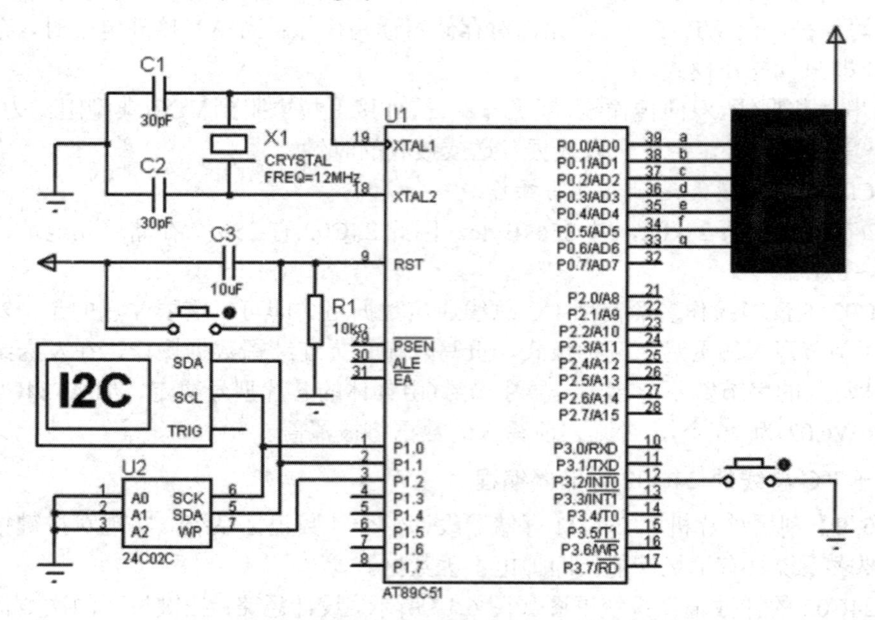

图6.18　基于24C02的计数记忆系统电路图

(2) 程序流程图。

图6.19为主程序流程图，从main()函数开始，先进行外部中断0的初始化，然后从24C02的0x08单元地址读取记忆数据，并显示于数码管，显示为无限循环。图6.20为外部中断0的中断服务程序流程图，当有按键按下时，程序将中断无限循环显示，去执行中断服务程序：从24C02的0x08单元地址读取记忆数据，作更新计数处理，并将更新的计数值写入24C02的0x08单元地址进行保存，最后中断返回主程序，显示更新的数据。

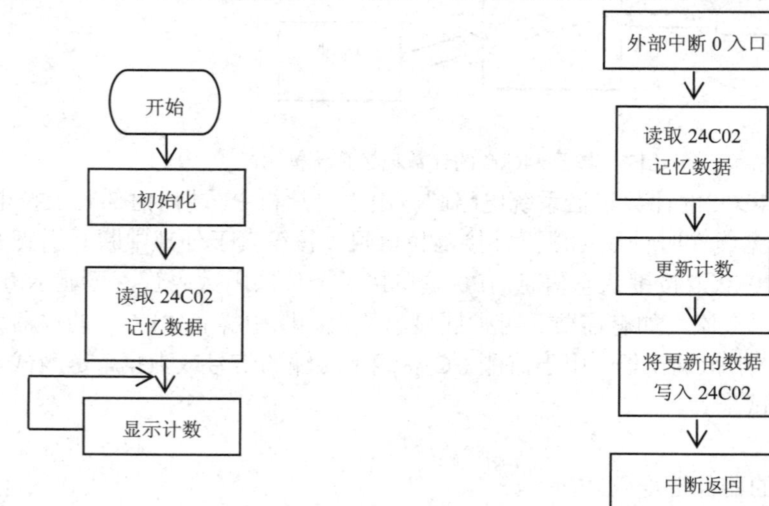

图6.19　主程序流程图　　　　图6.20　外部中断0中断服务程序流程图

(3) 程序设计。

```
#include    <REGX51.h>
#include    <intrins.h>
#define   uchar   unsigned char
#define   uint   unsigned int
#define        SEG_port P0                    //宏定义数码管段码口
sbit    BUTTON=P3^2;                          //定义按键端口
sbit   SCL=P1^0;                              //定义数据线
sbit   SDA=P1^1;                              //定义时钟线
sbit   WP=P1^2;                               //定义时钟线
bit     ack;                                  //定义应答位
uchar table_CA[]={0xc0,0xf9,0xa4,0xb0,0x99,0x92,0x82,0xf8,0x80,0x90,
                    0x88,0x83,0xc6,0xa1,0x86,0x8e};        //共阳数码管段码
uchar cnt_button=0;                           //存储按键按下次数的变量
uchar DeviceAddr=0xa0;                        //定义器件地址，写操作
uchar UnitAddr=0x08;                          //定义存储数据的器件单元地址

/*****************************************************************
  外部中断 0 初始化函数  Init_ex0();
  *****************************************************************/
 void Init_ex0()
 {
      IT0=1;                                  //设置边沿触发方式
      EX0=1;                                  //开放中断允许位
      EA=1;
 }

/*****************************************************************
  延时函数  delay_5us();
  晶振设置 12MHz 时，延时约 5 μs
 *****************************************************************/
void Delay_5us()
{
 _nop_();
}
/*****************************************************************
  延时函数  Delay_ms();
  晶振设置 12 MHz 时，延时约为 NumDelay  毫秒
```

```
*******************************************************************/
void Delay_ms(uchar NumDelay)
{
uint i,j;
for(i=NumDelay;i>0;i--)
   for(j=110;j>0;j--);
}
/*******************************************************************
  开始信号函数
  函数原型　void　Start_I2c();
  启动I²C总线，即发送I²C开始信号
*******************************************************************/
void　Start_I2c()
{
  SDA=1;
  _nop_();
  SCL=1;
  Delay_5 us();                  //开始信号建立时间大于4.7 μs
  SDA=0;                         //发送开始信号
  Delay_5 us();                  //开始信号锁定时间大于4 μs
  SCL=0;                         //钳住I²C总线，准备发送或接收数据
  _nop_();
}
/*******************************************************************
  结束信号函数 Stop_I2c();
  作用：发送I²C结束信号
*******************************************************************/
void　Stop_I2c()
{
  SDA=0;
  _nop_();
  SCL=1;
  Delay_5us();                   //结束信号建立时间大于4 μs
  SDA=1;                         //发送I²C总线结束信号
  Delay_5us();                   //总线释放时间大于4.7 μs，为下个开始做准备
}
//*********************************************
//主器件应答0函数 ACK_0(void);
```

```
//*********************************************
void ACK_0(void)
{
  SDA=0;
  Delay_5 us();
  SCL=1;
  Delay_5 us();
  SCL=0;
  Delay_5 us();
   SDA=1;
  _nop_();
}
//**********************************************
//主器件应答应答“1”函数 ACKNO_1(void);
//主器件接收最后一个字节数据后发送一个非应答信号“1”
//**********************************************
void ACKNO_1(void)
{
   SDA=1;
   Delay_5 us();
   SCL=1;
   Delay_5 us();
   SCL=0;
   Delay_5 us();
}

//*********************************************
//检查从机应答信号的函数 check_ACK(void);
//*********************************************
void check_ACK(void)
{
  SDA=1;
  Delay_5 us();
  SCL=1;
  ack=0;
  _nop_();
  if (SDA==0) ack=1;                    //接收到应答信号，ACK=1，否则，ACK=0
  SCL=0;
```

```
}

/*******************************************************************
   写一个字节数据函数 WByte(uchar c)；
*******************************************************************/
void   WByte(uchar c)
{
   uchar BitNum;
   for(BitNum=0;BitNum<8;BitNum++)         //循环传送 8 位
      {
       if((c<<BitNum)&0x80) SDA=1;         //取当前发送位
          else   SDA=0;
       _nop_();
       SCL=1;                              //发送到数据线上
       Delay_5 us();
       SCL=0;
      }
 }
/*******************************************************************
   读取一个字节函数 RByte()；
   返回读取的 8 位数据
*******************************************************************/
uchar   RByte()
{
   uchar   Rdata;
   uchar   BitNum;
   Rdata=0;
   SDA=1;                                  //置数据线为输入方式
   for(BitNum=0;BitNum<8;BitNum++)
        {
          _nop_();
          SCL=0;                           //置时钟线为低电平，准备接收数据
          Delay_5 us();
          SCL=1;                           //置时钟线为高电平，数据线上数据有效
          _nop_();
          Rdata=Rdata<<1;
          if(SDA==1)Rdata++;               //接收当前数据位，接收内容放入 Rdata 中
          _nop_();
```

```
        }
    SCL=0;
    _nop_();
    return(Rdata);                          //返回接收的 8 位数据
}

/*****************************************************************
    向器件指定单元地址按字节写函数
    WByte_addr(uchar addr_device,uchar addr_unit,uchar *p_WData);
    addr_device 为器件地址码；addr_unit 为器件单元地址；
    p_WData 为存放待写数据的指针变量
*****************************************************************/
bit WByte_addr(uchar addr_device,uchar addr_unit,uchar *p_WData)
{
    Start_I2c();                            //发送开始信号 S
    WByte(addr_device);                     //发送器件地址码，写操作
    check_ACK();                            /检测应答信号 A
    if(!ack)return(0);                      //无应答，返回 0
    WByte(addr_unit);                       //有应答，发送器件单元地址
    check_ACK();                            //检测应答信号 A
    if(!ack)return(0);                      //无应答，返回 0
    WByte(*p_WData);                        //写入字节数据
    check_ACK();                            //检测应答信号 A
    if(!ack)return(0);                      //无应答，返回 0
   Stop_I2c();                              //发送结束信号 P
   return(1);                               // 返回 1
}
/*****************************************************************
     从器件指定单元地址读字节
   RByte_addr(uchar addr_device,uchar addr_unit,uchar *p_RData);
    addr_device 为器件地址码；addr_unit 为器件单元地址；
    p_RData 为存放读回数据的指针变量
  *****************************************************************/
bit RByte_addr(uchar addr_device,uchar addr_unit,uchar *p_RData)
{
     Start_I2c();                           //发送开始信号 S
    WByte(addr_device);                     //发送器件地址码，写操作
check_ACK();                                //检测应答信号 A
```

```
    if(!ack)return(0);                  //无应答，返回 0
    WByte(addr_unit);                   //有应答，写器件单元地址
    check_ACK();                        //检测应答信号 A
    if(!ack)return(0);                  //无应答，返回 0
    Start_I2c();                        //有应答，重发送开始信号 Sr
    WByte(addr_device+1);               //发送器件地址码，读操作，准备读数据
    check_ACK();                        //检测应答信号 A
    if(!ack)return(0);                  //无应答，返回 0
    *p_RData=RByte();                   //读当前地址的字节数据
     ACKNO_1();                         //发送非应答信号 N
    Stop_I2c();                         //发送结束信号 P
    return(1);                          // 返回 1
}

/*****************************************************************
  主函数
  *****************************************************************/
void   main()
{
 Init_ex0();                            //外部中断 0 初始化
WP=0;                                   //撤销写保护，允许写入
 RByte_addr(DeviceAddr,UnitAddr,&cnt_button);  //从器件指定单元地址读字节数据
  while(1)
 {
 SEG_port=table_CA[cnt_button];         //数码管显示
 }
}
/*****************************************************************
  外部中断 0 服务函数
  作用：更新按键按下次数，存于 cnt_button，并写入 24C02
*****************************************************************/
void ex0()  interrupt 0
{
 Delay_ms(10);              //按键消抖
 if(BUTTON==0)
 {
     //从器件指定单元地址读取原始字节数据
     RByte_addr(DeviceAddr,UnitAddr,&cnt_button);
```

```
        cnt_button=++cnt_button%16;                    //更新按键按下次数

        //将更新的数据写入 24C02 指定单元地址
          WByte_addr(DeviceAddr,UnitAddr,&cnt_button);
      }
    }
```

在 Proteus 中仿真运行，暂停后，可以看到实验仿真效果图如图 6.21 所示。图中右侧为 I^{2}C 24C02 存储器窗口，由该窗口可以看出 24C02 的 0x08 单元地址存储的数据为 6，与数码管显示的数一致，均为按键按下累计的次数。另外，当停止运行（相当于断电）后，再重新运行，可以发现这两个数据仍然没变，并且当再次按下按键时，数据在 6 基础上加 1。实验表明，所设计系统达到了记忆计数的要求。

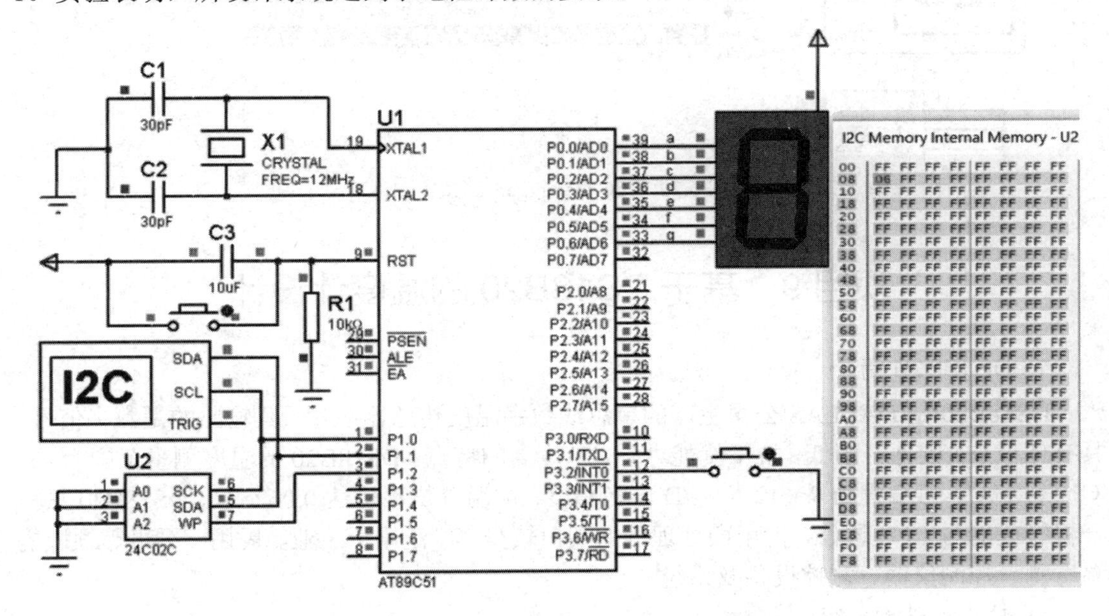

图 6.21　基于 24C02 的计数记忆系统仿真效果图

实验过程中，经常通过 I2C Debugger 调试窗口(如图 6.22 所示)来监视 I^{2}C 总线上的信号和数据，以检查或验证程序。现对 I2C Debugger 调试窗口中的 3 行数据进行解释：各行的前两个数据为所在行数据产生的起止时间。第一行是上电后单片机第一次读取 24C02 的数据，从开始信号 S 开始，单片机向从器件 24C02 写器件地址 A0，24C02 应答 A，单片机再发送器件单元地址 08，24C02 应答 A，接下来单片机重新发送开始信号 Sr，再发送器件地址码 A1(读操作)，24C02 应答 A，接着单片机从 24C02 读取的数据为 06，最后单片机发送非应答信号 N 和结束信号 P。第二行是在按键按下之后单片机读取 24C02 数据产生的，与第一行数据格式相同。第三行数据是单片机将更新的计数值写入 24C02 过程产生的，A0 为写器件地址码，08 为 24C02 内部单元地址，07 为更新后写入 24C02 的计数值，所有的应答信号 A 均由 24C02 产生，最后由单片机发送结束信号 P。

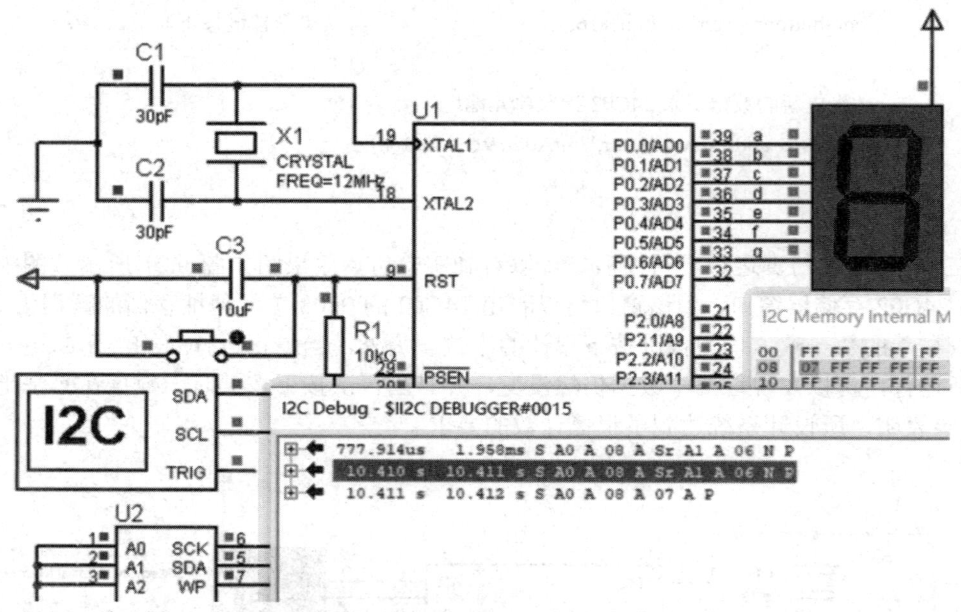

图 6.22　I2C Debugger 调试窗口

项目 9　基于 DS18B20 的温度计设计

1. DS18B20 简介

DS18B20 是 DALLAS 公司生产的单总线数字温度传感器芯片，其输出的是数字信号，具有体积小，硬件开销低，抗干扰能力强，精度高的特点。DS18B20 的温度测量范围为−55℃～+125℃，可编程为 9～12 位 A/D 转换精度，测温分辨率可达 0.0625℃。DS18B20 只需一根线就能与 CPU 通信，占用微处理器的端口较少，广泛用于工业、民用、军事等领域的温度测量控制仪器、测控设备及系统。

1) 封装及引脚介绍

DS18B20 有两种封装：3 脚 TO-92 封装和 8 脚 SOIC 封装，如图 6.23 所示，其中 TO-92 封装体积最小，最为常用。

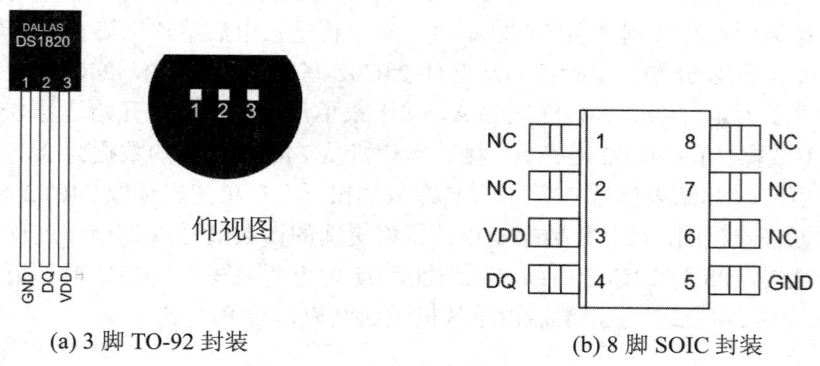

(a) 3 脚 TO-92 封装　　(b) 8 脚 SOIC 封装

图 6.23　DS18B20 的封装及引脚分布

引脚定义：

GND：电源地。

DQ：数字信号输入/输出端，使用时需接上拉电阻。

VDD：电源供电输入端。

NC：无需连接。

2) 内部存储器介绍

对 DS18B20 进行读写操作过程中，涉及两类存储器：光刻 ROM 存储器和高速暂存存储器 RAM。

(1) 光刻 ROM 存储器。

ROM 中的 64 位序列号是出厂前被光刻好的，可看作该 DS18B20 的地址序列码，每个 DS18B20 的 64 位序列号均不相同，因此一条总线上可挂多个 DS18B20，实现多点组网测温。

64 位光刻 ROM 的排列是：开始 8 位是产品类型标号，接着的 48 位是该 DS18B20 自身的序列号，最后 8 位是前面 56 位的循环冗余校验码。

(2) 高速暂存存储器 RAM。

高速暂存存储器由 9 个字节组成，如表 6.3 所示。

表 6.3　高速暂存存储器 RAM

字节序号	功能	字节序号	功能
0	温度转换后的低字节	5	保留
1	温度转换后的高字节	6	保留
2	高温度限值 TH	7	保留
3	低温度限值 TL	8	CRC 校验值
4	配置寄存器		

当温度转换命令发布后，经转换所得的温度值以二字节补码形式存放在高速暂存存储器的第 0 和第 1 个字节。以 12 位转换为例，第 0 和第 1 个字节存储数据与温度之间的关系如表 6.4 所示，其中温度值共 11 位，最高位为符号位 S。如果测得的温度大于 0，则 S 位为 0；如果温度小于 0，则 S 位为 1。最小温度分辨率为 $2^{-4} = 0.0625$℃。

实际温度计算：

若 S=0，则测得实际温度 T = (第 1 字节数据*256+第 0 字节数据)*0.0625℃；

若 S=1，则测得实际温度 T = –(~(第 1 字节数据*256+第 0 字节数据)+1)*0.0625℃；(“~”为取反符号)。

表 6.4　DS18B20 温度值格式

第 0 字节	D7	D6	D5	D4	D3	D2	D1	D0
单位/℃	2^3	2^2	2^1	2^0	2^{-1}	2^{-2}	2^{-3}	2^{-4}
第 1 字节	D7	D6	D5	D4	D3	D2	D1	D0
单位/℃	S	S	S	S	S	2^6	2^5	2^4

第 2 字节和第 3 字节为高温限值 TH 和低温限值 TH，分别存放温度报警的上限值和下限值。

第 4 字节为配置寄存器，结构如表 6.5 所示。

表 6.5　配置寄存器

D7	D6	D5	D4	D3	D2	D1	D0
TM	R1	R0	1	1	1	1	1

配置寄存器的低五位一直都是“1”，TM是测试模式位，用于设置DS18B20在工作模式还是在测试模式。在DS18B20出厂时该位被设置为0，用户不要去改动。R1和R0用来设置分辨率，如表6.6所示，DS18B20出厂时被设置为12位。

表 6.6　温度值分辨率设置

R1	R0	分辨率/位	温度最大转换时间/ms
0	0	9	93.75
0	1	10	187.5
1	0	11	275.00
1	1	12	750.00

第5、6、7三个字节保留。第8字节存放的是前8个字节的CRC校验码。

3) 指令介绍

控制DS18B20的指令有两类：ROM指令和RAM指令，如表6.7和表6.8所示。

表 6.7　ROM 指令

指　令	约定代码	功　能
读ROM	0x33	读DS18B20温度传感器ROM中的编码
匹配 ROM	0x55	发出此命令之后，接着发出64位ROM编码，访问单总线上与该编码相对应的DS18B20，为下一步对该 DS1820 的读写作准备
搜索 ROM	0xF0	用于确定挂接在同一总线上DS18B20的个数和识别64位ROM地址
跳过 ROM	0xCC	忽略64位ROM地址，直接向DS1820发温度变换命令，适用于单片DS18B20工作
告警搜索命令	0xEC	执行后只有温度超过设定值上限或下限的芯片才作出响应

表 6.8　RAM 指令

指　令	约定代码	功　能
温度转换	0x44	启动DS18B20进行温度转换，12位转换时最长为750 ms(9位为93.75 ms)。结果存入内部9字节RAM中
读暂存器	0xBE	读内部RAM中9字节的内容
写暂存器	0x4E	发出向内部RAM的3、4字节写上、下限温度数据命令，紧跟该命令之后，是传送两字节的数据
复制暂存器	0x48	将RAM中第3、4字节的内容复制到EEPROM中
重调 EEPROM	0xB8	将EEPROM中的内容恢复到RAM中的第3、4字节
读供电方式	0xB4	读DS18B20的供电模式。寄生供电时DS18B20发送“0”，外接电源供电时DS18B20发送“1”

4) DS18B20 工作时序

处理器(单片机)与 DS18B20 的通信有严格的时序要求，主要包括初始化复位时序、“0”和“1”的读/写时序。

(1) 复位时序，如图 6.24 所示。

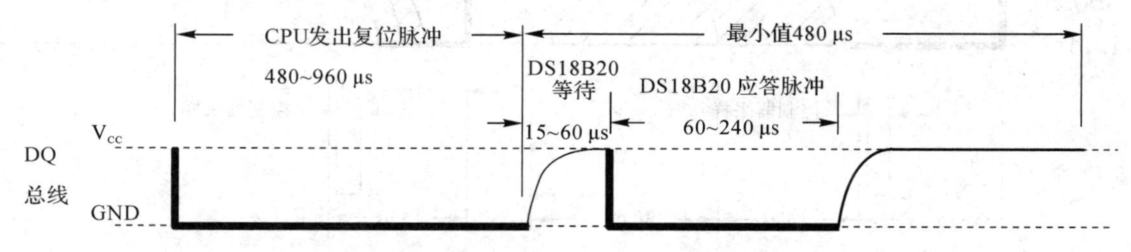

图 6.24　DS18B20 复位时序图

CPU 控制产生复位时序的具体操作步骤：

① CPU 向数据线发出一个下降沿复位脉冲，且要求低电平维持时间在 480～960 μs 之间；

② 释放数据线，即将数据线拉到高电平“1”；

③ 延时等待 DS18B20 复位，延时时间在 15～60 μs 之间；

④ DS18B20 复位成功后会发出 60～240 μs 的低电平，因此若 CPU 读到数据线上的低电平“0”，则表示复位成功；

⑤ 复位成功后继续延时，使②步至复位结束的时间不小于 480 μs。

(2) 写“0”和“1”时序，如图 6.25 所示。

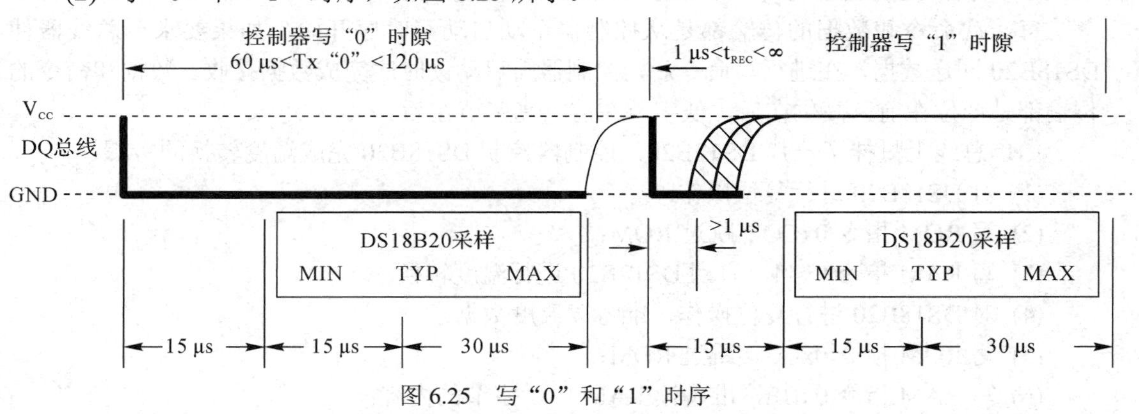

图 6.25　写“0”和“1”时序

“写”时隙开始于控制器将单总线 DQ 拉低之后，此后 DS18B20 在 15～60 μs 时间窗口对数据总线 DQ 进行采样，如果采集到高电平，即为写“1”操作，如果采集到低电平，即为写“0”操作。因此，控制器如要写“1”，需在单总线 DQ 拉低之后的 15 μs 内释放单总线回高电平；如要写“0”，需将单总线 DQ 拉低至少 60 μs。写操作最后须将数据线拉回到高电平。每个“写”时隙至少 60 μs(包含各写周期间 1 μs 的恢复时间 t_{REC})。

(3) 读“0”和“1”时序，如图 6.26 所示。

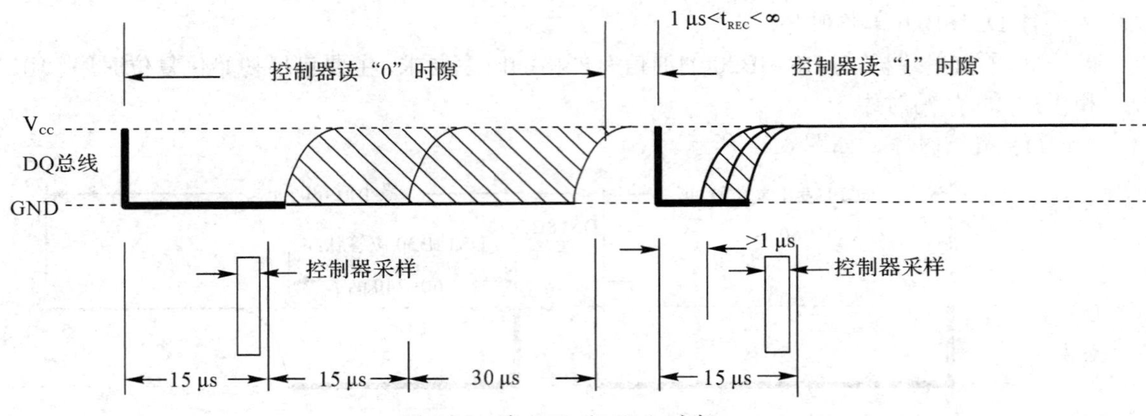

图 6.26　读“0”和“1”时序

“读”时隙开始于控制器将单总线 DQ 拉低之后，数据线 DQ 必须保持 1 μs 以上的低电平，DS18B20 输出的数据在“读”时隙开始后的 15 μs 内有效。因此，控制器必须在 15 μs 内将数据线 DQ 释放回高电平，以确保读数正确。每个“读”时隙至少 60 μs(包含各读周期间 1 μs 的恢复时间 t_{REC})。

5) 控制 DS18B20 完成温度转换的过程

处理器(单片机)控制 DS18B20 完成温度转换必须经过三个步骤：

(1) 每一次读写之前都要对 DS18B20 进行复位操作；

(2) 复位成功后，发送一条 ROM 指令；

(3) 最后发送 RAM 指令，完成对 DS18B20 预定的操作。

每一次命令和数据的传输都是从控制器主动启动写时序开始，如果要求单总线器件 DS18B20 回送数据，在进行写命令后，控制器需启动读时序完成数据接收。数据和命令的传输都是低位在前，高位在后，低字节在前，高字节在后。

如单总线上只挂了一片 DS18B20，控制器控制 DS18B20 完成温度转换的步骤：

(1) 对 DS18B20 进行复位操作；

(2) 写 ROM 指令 0xCC，跳过 ROM；

(3) 写 RAM 指令 0x44，启动 DS18B20 进行温度转换；

(4) 对 DS18B20 进行复位操作，准备读温度数据；

(5) 写 ROM 指令 0xCC，跳过 ROM；

(6) 写 RAM 指令 0xBE，准备读 RAM 中 9 字节的内容；

(7) 读 RAM 中第 0 字节和第 1 字节数据；

(8) 进行温度换算。

2. DS18B20 的接口电路与编程

【例 6.9】设计一个基于 DS18B20 的温度计。DS18B20 与单片机的接口电路如图 6.27 所示。编写程序控制 DS18B20 采集温度，并将采集的温度显示于 4 位共阳数码管上。

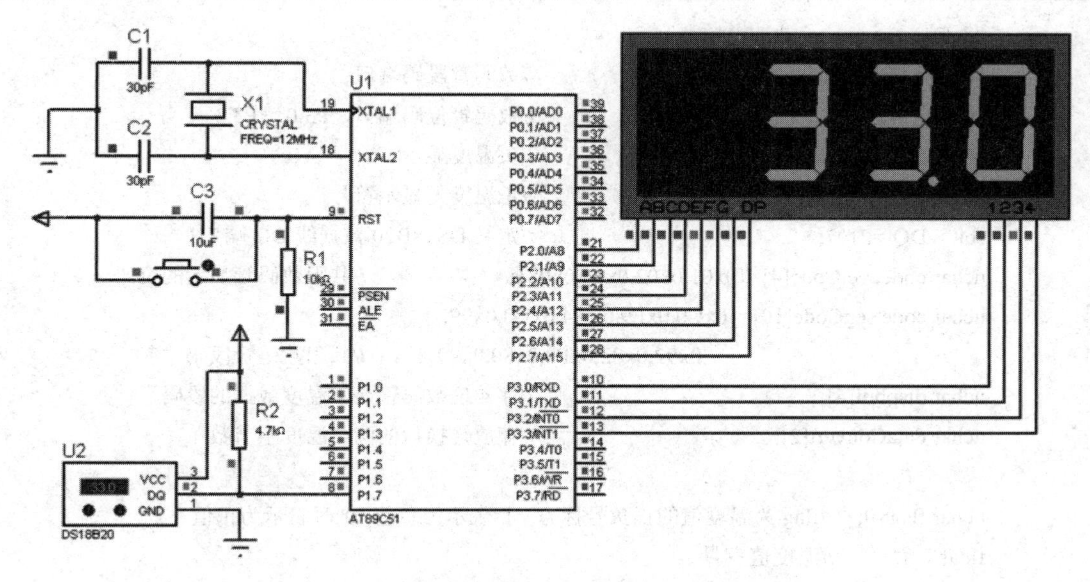

图 6.27　DS18B20 与单片机的接口电路图

(1) 程序流程图。

图 6.28 为主程序流程图，由于数码管位数较多，故将数码管显示程序放在无限循环里，不停刷新显示。为了避免数码管显示出现闪烁的效果，将控制 DS18B20 采集温度的程序放在定时器 T0 中断服务程序执行，采用定时采集温度的措施，每 20 毫秒控制 DS18B20 进行采温一次。定时器 T0 中断服务程序如图 6.29 所示。

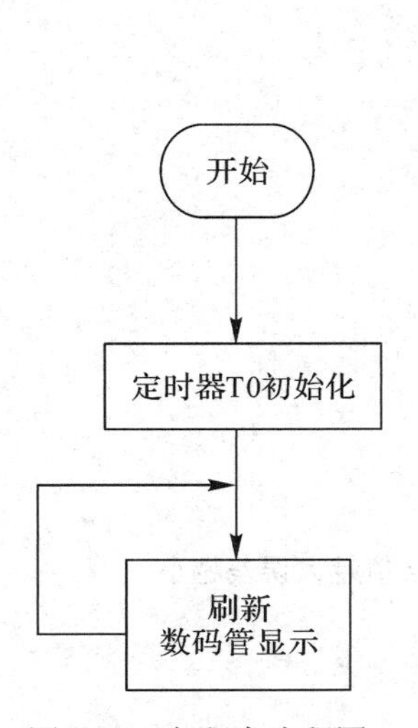

图 6.28　主程序流程图

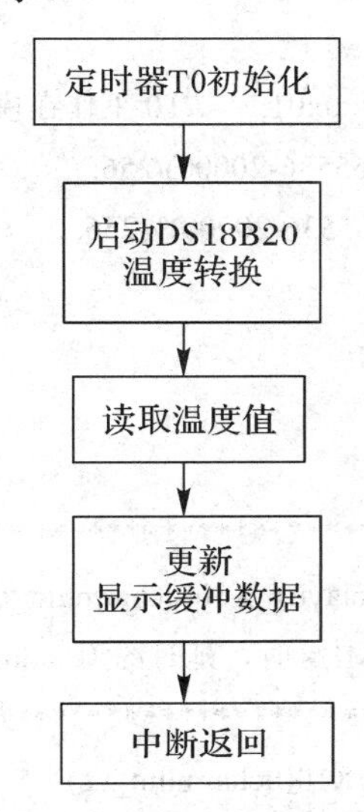

图 6.29　定时器 T0 中断服务程序流程图

(2) 程序设计。

```
#include <REGX51.H>
#include <intrins.h>
#define uchar unsigned char
```

```
#define uint unsigned int
#define SEGNUM       P2                         //数码管段码端口
#define WEI      P3                             //数码管位码端口，P3.0～P3.3
#define DISP_NEG    0xbf                        //负温度显示“-”
#define DISP_POS    0xff                        //正温度无显示符号
sbit   DQ =P1^7;                                //定义 DS18B20 数据线 DQ 端口
uchar code weiCode[4]={0x01,0x02,0x04,0x08};                //共阳数码管显示的位码
uchar code segCode[10]={0xC0,0xF9,0xA4,0xB0,0x99,
                        0x92,0x82,0xF8,0x80,0x90};     //共阳数码管段码
uchar dispbuf[4];                               //存 4 位数码管显示温度数据的段码
uchar dataConvert[2];                           //存放转换后的两个温度字节数

uchar flag=0;  //flag 为温度值的正负号标志, "1"表示为负值,"0"时表示为正值
float T_f;     //温度值变量

//*********************************************
//timer0 初始化函数 initT0()
//定时 20 ms，用于定时刷新数码管显示和启动温度转换
//*********************************************
void   initT0()
{
     TMOD=0x01;    //T0 工作在模式 1
     TH0=(65536-20000)/256;
     TL0=(65536-20000)%256;
     EA=1;
     ET0=1;
     TR0=1;
}
//*********************************************
//延时程序 delayus_X10(uchar num_us);
//晶振为 12 MHz 时，延时约为  num_us*10 微秒，num_us 值越大误差越小
//*********************************************
void delayus_X10(uchar num_us)
{
   for(;num_us>0;num_us--)
     {_nop_();_nop_();}
}
//*********************************************
```

```
//DS18B20 复位函数 DS18B20_reset(void);
//********************************************
uchar DS18B20_reset(void)
{
  uchar p;
  DQ = 0;                              // 复位脉冲
  delayus_X10(50);                     // 延时在 480～960 μs 之间
  DQ = 1;                              // 释放数据线 DQ
  delayus_X10(3);                      // 等待 15～60 μs，DS18B20 复位
  p = DQ;                              // 复位，DS18B20 回应 0 信号
  delayus_X10(40);                     // 继续延时
  return(p);                           // p=0 复位成功, 1 失败
}
//********************************************
//读字节函数 readByte(void);
//从单总线上读取一个字节数据
//********************************************
uchar readByte(void)
{
  uchar i;
  uchar dat = 0;
  for (i=0;i<8;i++)
  {
     dat>>=1;                          //先读低位，后读高位，每读一位，右移一位
    DQ = 0;                            //读时隙开始
    _nop_();                           //低电平时间>1 μs
    DQ = 1;                            //释放数据总线
    delayus_X10(1);                    //15 μs 内读
    if(DQ)dat|=0x80;                   //读 1，默认读数为 0
    delayus_X10(6);                    //延时，保证一个读时隙>60 μs
  }
  return(dat);
}
//********************************************
//写字节函数 writeByte(void);
//向单总线上写一个字节
//********************************************
void writeByte(uchar datByte)
```

```
{
  uchar i;
  for (i=0;i<8;i++)
  {
    DQ = 0;                                   //写时隙开始
   _nop_();                                   //低电平时间>1 μs
    DQ = datByte&0x01;                        //写最低位
    delayus_X10(6);                           //延时，保证一个写时隙>60 μs
    DQ = 1;                                   //释放数据总线
    datByte=datByte>>1;                       //每写完 1 位，高位下移 1 位
  }
 }
//**********************************************
//获取温度函数 GetTemperature(void);
//**********************************************
void GetTemperature(void)
{
  uint T_temp,T_DISP;
  DS18B20_reset();                            //每次读写均要复位
  writeByte(0xCC);                            //跳过 ROM
  writeByte(0x44);                            //启动温度转换
  DS18B20_reset();                            //准备读数据，故需重新复位
  writeByte(0xCC);
  writeByte(0xBE);              //读暂存器命令，9 个字节 RAM，前两个字节存转换的温度值
  dataConvert[0]=readByte();                  //读取第 0 字节数
  dataConvert[1]=readByte();                  //读取第 1 字节数

  T_temp=dataConvert[1]*256+dataConvert[0];   //将读取的字节数转换成十进制数
  if((dataConvert[1]&0x80)==0x80)             //根据符号位判断正负温度
  {
     flag=1;                                  //负温度
     T_temp=~T_temp+1;                        //取反+1 得负温度数值
  }
  else
     flag=0;
  T_f=T_temp*0.0625;                          //计算实际温度值
  //以下为显示前数据处理
  T_DISP=T_f*10+0.5;                          //取小数点后一位，四舍五入
```

```
   if(flag==1)dispbuf[0]=DISP_NEG;                    //负温度显示“-”
      else dispbuf[0]=DISP_POS;                        //正温度无显示符号
    if ( T_DISP/100==0)                //取出十位数，如果十位是 0 不显示，否则存对应数的段码
           dispbuf[1]=0xff;
      else
      dispbuf[1]=segCode[T_DISP/100];
   dispbuf[2]=segCode[T_DISP/10%10]&0x7f;           //存十位数段码，加上小数点
   dispbuf[3]=segCode[T_DISP%10];                   //存小数点后一位数的段码
  }
 //********************************************
//数码管扫描显示函数  disp();
//********************************************
void disp()
{
uchar count; //LED 显示位控制
for(count=0;count<=3;count++)
 {
      WEI=weiCode[count];                           //输出数码管显示位码
      SEGNUM=dispbuf[count];                        //输出数码管显示段码
      delayus_X10(100);
      SEGNUM=0xff;                                  //消影
 }
}
//********************************************
//主程序
//********************************************
void main()
{
   initT0();                                        //初始化定时器 T0
   while(1)    disp();                              //刷新数码管显示
}
//********************************************
//定时器 T0 中断服务程序
//作用：定时 20 ms，用于定时启动温度转换
//********************************************
void T0x(void) interrupt 1
{
 TH0=(65536-20000)/256;
```

```
    TL0=(65536-20000)%256;
    GetTemperature();                                //启动温度转换，并获取温度数据
  }
```

在 Proteus 中仿真运行，效果如图 6.30 所示。

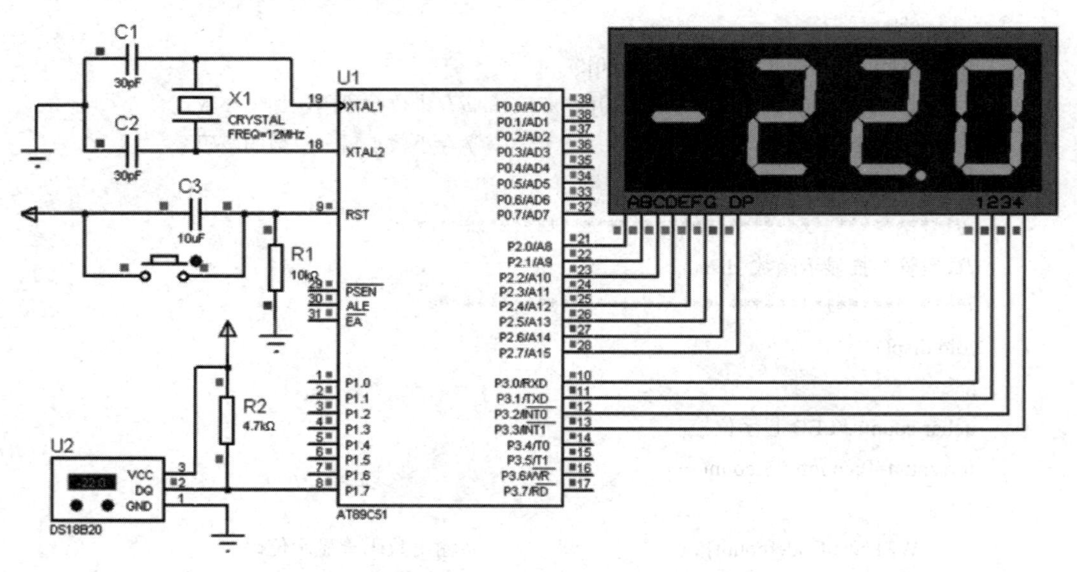

图 6.30　温度计效果图

第7章　单片机实验指导

实验 1　LED 的闪烁控制

1. 实验目的

(1) 单片机基本 I/O 口的驱动方式、特点等。

(2) KEIL C 软件对程序进行编译调试及烧录软件的使用方法。

(3) C 语言基本语句的编写，对 I/O 口的基本操作。

2. 实验电路图及实验任务

(1) 实验电路图见图 7.1。

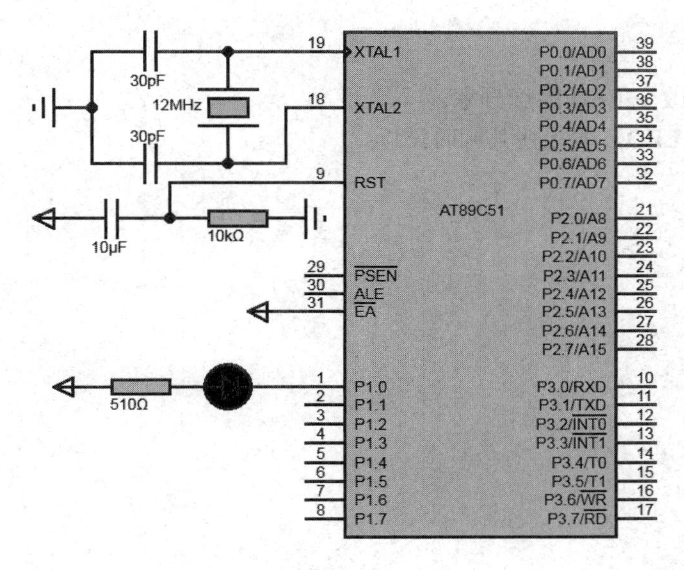

图 7.1　LED 闪烁电路图

(2) 实验任务：编写程序控制单片机的 P1.0 输出周期性的方波，用于实现 LED 的闪烁。

3. 实验步骤

(1) 根据第二部分单片机开发环境，新建一个 Proteus 工程如图 7.1 并保存。

(2) 新建 KEIL 工程，命名为“LED 闪烁控制”并添加“LED 闪烁控制.C”。

(3) 编写程序并生成“LED 闪烁控制.hex”，下载到单片机，点击“运行”，观察现象。

(4) 根据习题部分修改程序，完成实验。

4. 实验程序

```
#include <REGX51.H>
sbit LED = P1^0;
void delay( )
```

```
{
    unsigned int a = 50000;
    while(a--);
}
void main( )
{
    while(1)
    {
        LED =! LED; delay( );
    }
}
```

5. 习题

(1) 修改程序改变 LED 闪烁频率。

(2) 添加多个 LED，编程使其同时闪烁。

实验 2　按键控制 LED 亮灭

1. 实验目的

(1) 单片机基本 I/O 口的驱动方式、特点等。

(2) 按键的防抖动编程。

(3) 掌握延时程序的编写。

2. 实验电路图及实验任务

(1) 实验电路图如图 7.2 所示。

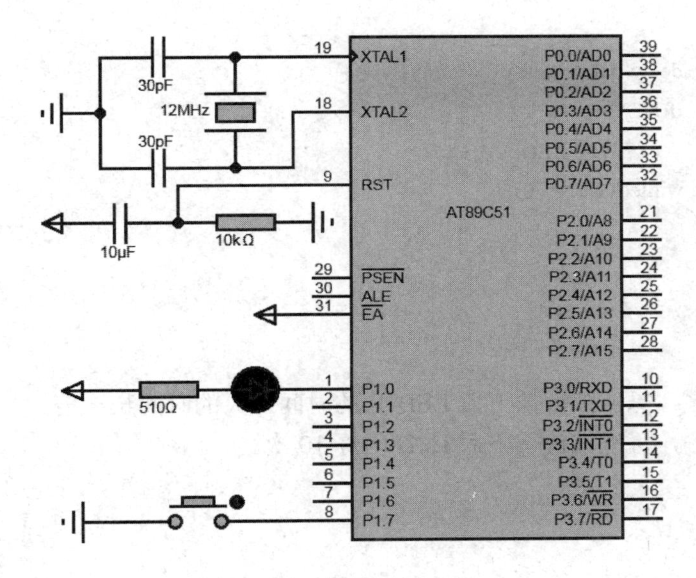

图 7.2　按键控制电路图

(2) 实验任务：编写程序当单片机的 P1.7 为低电平时，控制 P1.0 取反。

3. 实验步骤

(1) 新建一个 Proteus 工程如图 7.2 并保存。

(2) 新建 KEIL 工程，命名为“按键控制 LED 亮灭”并添加“按键控制 LED 亮灭”。

(3) 编写程序并生成“按键控制 LED 亮灭.hex”，下载到单片机，点击“运行”，观察现象。

(4) 将程序中的“while(KEY == 0);”删掉并重新下载，点击“运行”长按按键观察现象。

(5) 根据习题部分修改程序，完成实验。

4. 实验程序

```
#include <REGX51.H>
sbit LED = P1^0;
sbit KEY = P1^7;
```

```
#define delay_time 1000
void delay(unsigned int a)
{
    while(a--);
}

void main( )
{
    while(1)
    {
        if(KEY == 0)                //按键检测
        {
            delay(delay_time);      //防抖动
            if(KEY == 0)
                LED =! LED;
            while(KEY == 0);
        }
    }
}
```

5. 习题

(1) 修改程序，每次按键按下后 LED 亮的时间比灭的时间长一倍。

(2) 修改程序，每次按键按下后 LED 闪烁 10 次。

实验 3　流水灯设计

1. 实验目的

(1) 单片机基本 I/O 口的驱动方式、特点等。

(2) 掌握 for、if 语句的使用。

(3) C 语言基本语句的编写，对 I/O 口基本操作。

2. 实验电路图及实验任务

(1) 实验电路图如图 7.3 所示。

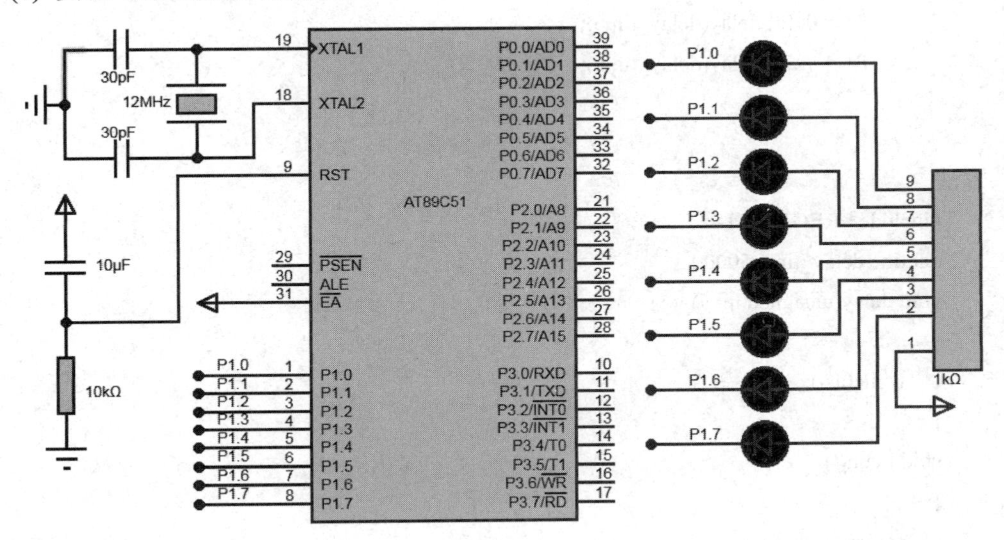

图 7.3　流水灯电路图

(2) 实验任务：编写程序使 P1 的 LED 灯实现流水效果。

3. 实验步骤

(1) 新建一个 Proteus 工程如图 7.3 并保存。

(2) 新建 KEIL 工程，命名为“流水灯”并添加“流水灯.C”。

(3) 编写程序并生成“流水灯.hex”，下载到单片机，点击“运行”，观察现象。

4. 实验程序

方法一：

```
#include <REGX51.H>
#define   delay_time   50000
void delay(unsigned int a)
{
    while(a--);
}
```

```
//主函数
void main( )
{    while(1)
     {
         P1 = 0xfe; delay(delay_time);
         P1 = 0xfd; delay(delay_time);
         P1 = 0xfb; delay(delay_time);
         P1 = 0xf7; delay(delay_time);
         P1 = 0xef; delay(delay_time);
         P1 = 0xdf; delay(delay_time);
         P1 = 0xbf; delay(delay_time);
         P1 = 0x7f; delay(delay_time);
     }
}
```

方法二：

```
#include <REGX51.H>
#define delay_time 50000
void delay(unsigned int a)
{
    while(a--);
}
void main( )
{
    unsigned char i, j;
    while(1)
    {
        j = 0xfe;
        for(i = 0; i<8; i++)
        {   P1 = j;
            j = (j<<1)|0x01;
            delay(delay_time);
        }
    }
}
```

5. 习题

(1) 修改程序改变 LED 流水方向。

(2) 修改程序让 LED 自动改变流水方向。

实验 4　基于静态显示的倒计时设计

1. 实验目的

(1) 掌握数码管的电路连接方法。

(2) 了解数组的使用。

(3) 掌握 C 语言中自加、自减指令。

2. 实验电路图及实验任务

(1) 实验电路图如图 7.4 所示。

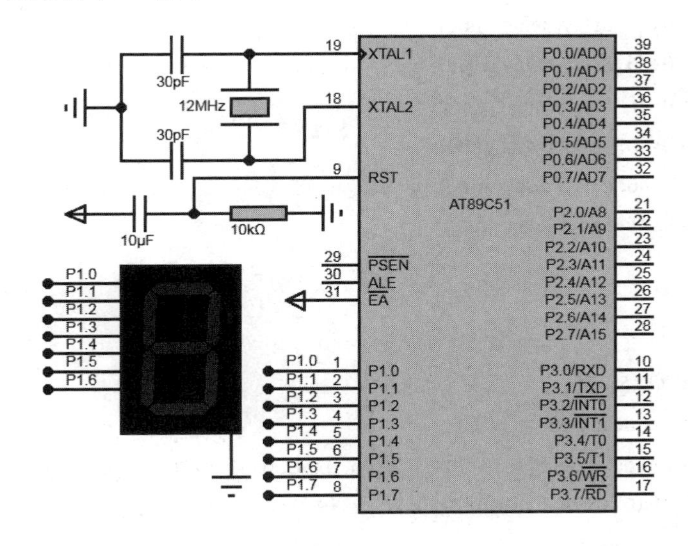

图 7.4　静态显示的倒计时电路图

(2) 实验任务：编写程序实现 P1 的数码管从 9 自减到 0。

3. 实验步骤

(1) 新建一个 Proteus 工程如图 7.4 并保存。

(2) 新建 KEIL 工程，命名为“基于静态显示的倒计时设计”并添加“基于静态显示倒计时显示.C”。

(3) 编写程序生成“基于静态显示的倒计时设计.hex”，下载到单片机，点击“运行”，观察现象。

4. 实验程序

方法一：

```
#include <REGX51.H>
#define delay_time 50000
void delay(unsigned int a)
{
```

```
        while(a--);
    }
    void main( )
    {
        while(1)
        {
            P1 = 0x6f; delay(delay_time);
            P1 = 0x7f; delay(delay_time);
            P1 = 0x07; delay(delay_time);
            P1 = 0x7d; delay(delay_time);
            P1 = 0x6d; delay(delay_time);
            P1 = 0x66; delay(delay_time);
            P1 = 0x4f; delay(delay_time);
            P1 = 0x5b; delay(delay_time);
            P1 = 0x06; delay(delay_time);
            P1 = 0x3f; delay(delay_time);
        }
    }
```

方法二：

```
    #include <REGX51.H>
    #define delay_time 50000
    unsigned char code numtab[16] = {0x3F, 0x06, 0x5B, 0x4F, 0x66,
    0x6D, 0x7D, 0x07, 0x7F, 0x6F, 0x77, 0x7C, 0x39, 0x5E, 0x79, 0x71};
    void delay(unsigned int a)
    {
        while(a--);
    }
    void main( )
    {   char i = 9;                         //定义有符号字符型 i
        while(1)
        {   P1 = numtab[i--];
            if(i < 0) i = 9;                //判断 i 是否小于 0
            delay(delay_time);
        }
    }
```

5. 习题

(1) 修改程序，让数码管从 0 加到 9。

(2) 修改电路和程序，实现按键控制数码管加减。

实验 5　基于动态显示的计分牌设计

1. 实验目的

(1) 掌握动态显示的原理。

(2) 掌握动态显示数码管的硬件电路。

(3) 复习按键控制程序的编写。

2. 实验电路图及实验任务

(1) 实验电路图如图 7.5 所示。

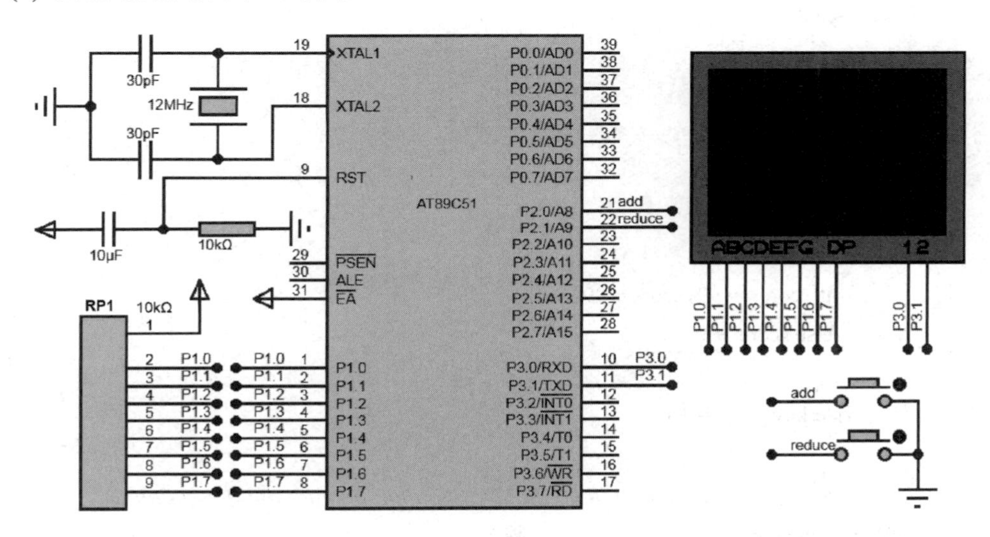

图 7.5　动态显示的计分牌电路图

(2) 实验任务：通过单片机 P3.0 和 P3.1 的按键控制 P1 端口上的数码管显示内容的加减。

3. 实验步骤

(1) 新建一个 Proteus 工程如图 7.5 并保存。

(2) 新建 KEIL 工程，命名为“基于静态显示的倒计时设计”并添加“基于动态显示的计分牌设计.C”。

(3) 编写程序生成“基于动态显示的计分牌设计.hex”，下载到单片机，点击“运行”，观察现象。

4. 实验程序

```
#include <REGX51.H>
#define seg_data P1
#define delay_time 1000                    //现实中此值要修改
#define delay_display 1000
```

```
sbit key_add = P2^0;
sbit key_reduce = P2^1;
unsigned char score;
unsigned char code numtab[10] = {0x3F, 0x06,
0x5B, 0x4F, 0x66, 0x6D, 0x7D, 0x07, 0x7F, 0x6F};
void delay(unsigned int a)
{
    while(a--);
}
//////////////////////////////按键扫描//////////////////////////////////////////////////////////////////////////////////////////
void key_scan( )
{
    if(key_add == 0)                    //加 1
    {
        delay(delay_time);
        if(key_add == 0)
        {
            if(score >= 99) score = 99;
            else score++;
        }
        while(key_add == 0);
    }
////////////////////////////////////////////////////////////////////////////////////////////////////////////////////////////
    if(key_reduce == 0)                 //减 1
    {
        delay(delay_time);
        if(key_reduce == 0)
        {
          if(score == 0) score = 0;
          else score--;
        }
      while(key_reduce == 0);
    }
}
////////////////////////////////////////////////////////////////////////////////////////////////////////////////////////////
void display( )                         //显示函数
{
    seg_data = numtab[score/10];
```

```
        P3_0 = 0; P3_1 = 1;                    //选通个位
        delay(delay_display);
        P3_0 = 1; P3_1 = 1;                    //消影处理
        seg_data = numtab[score%10];
        P3_0 = 1; P3_1 = 0;                    //选通十位
        delay(delay_display);
        P3_0 = 1; P3_1 = 1;
    }
    void main( )
    {
        while(1)
        {
            key_scan( );                       //调用函数
            display( );
        }
    }
```

5. 习题

(1) 修改电路和程序，多加两个按键和两位数码管，做甲乙两个计分牌。

(2) 思考：当长按按键时，数码管为什么显示不正常。

实验6　外部中断实验

1. 实验目的

(1) 掌握外部中断的工作原理。

(2) 掌握外部中断相关寄存器的设置。

(3) 掌握外部中断服务函数的编程。

2. 实验电路图及实验任务

(1) 实验电路图如图7.6所示。

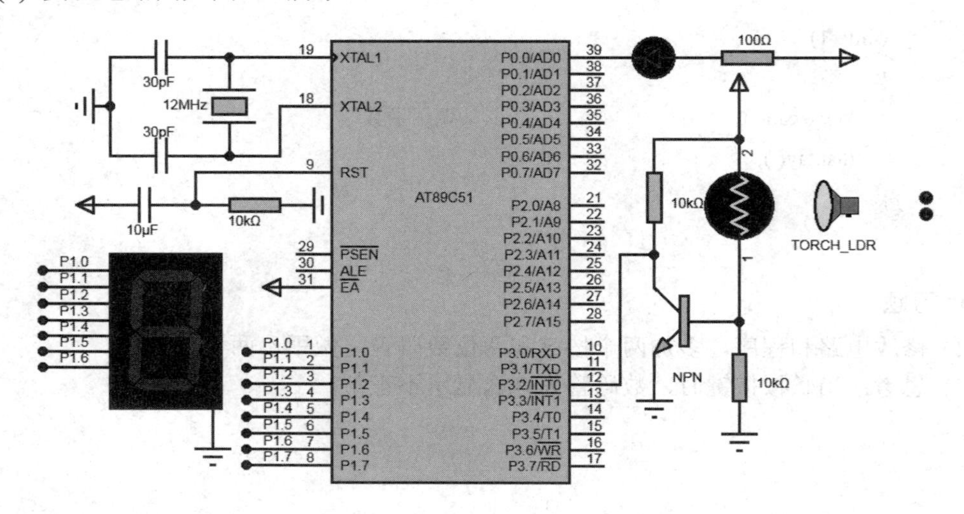

图7.6　外部中断实验电路图

(2) 实验任务：开启单片机外部中断0(低电平触发)，图7.6中采用光敏电阻和NPN三极管触发外部中断0。一般情况下P0的数码管从0到9加1循环显示，当外部中断触发后，显示停止，循环加1，当外部中断0服务执行完且外部中断撤销后数码管恢复循环显示。

3. 实验步骤

(1) 新建一个Proteus工程如图7.6并保存。

(2) 新建KEIL工程，命名为“外部中断实验”并添加“外部中断实验.C”。

(3) 编写程序生成“外部中断实验.hex”，下载到单片机，点击“运行”，观察现象。

4. 实验程序

```
#include <REGX51.H>
unsigned char code numtab[16] = {0x3F, 0x06,
0x5B, 0x4F, 0x66, 0x6D, 0x7D, 0x07, 0x7F, 0x6F};
#define delay_time 50000
sbit led = P0^0;
void delay(unsigned int a)
```

```
{
    while(a--);
}
void init( )
{
    IT0 = 0;                    //电平触发
    EX0 = 1;                    //使能外部中断
    EA = 1;                     //开启总中断开关
}
void main( )
{
    unsigned char i;
    init( );
    while(1)
    {
        for(i = 0; i <= 9; i++)
        {
            P1 = numtab[i];
            delay(delay_time);
        }
    }
}
                                //外部中断 0 服务程序-LED 闪烁
void external_interrupt () interrupt 0
{
    led =! led;
     delay(50000);
}
```

外部中断未触发时单片机执行 main 函数，此时数码管从 0 显示到 9。当移动光源靠近光敏电阻时，光敏电阻阻值变小，使 NPN 三极管导通而触发单片机的外部中断。外部中断执行过程中(LED 闪烁)数码管显示内容不变，是因为外部中断优先级别高于 main 函数使其被中断。

5. 习题

(1) 将外部中断的触发方式改为下降沿触发，执行程序观察现象。

(2) 将 EX0 或 EA 赋值为 0 后，执行程序观察现象。

(3) 修改程序和电路，将外部中断 0 改为外部中断 1。

实验 7　基于 PWM 的电机转速控制设计

1. 实验目的

(1) 掌握定时计数器中断的工作原理。

(2) 掌握定时计数器中断相关寄存器的设置。

(3) 掌握定时计数器中断服务函数的编程。

2. 实验电路图及实验任务

(1) 实验电路图如图 7.7 所示。

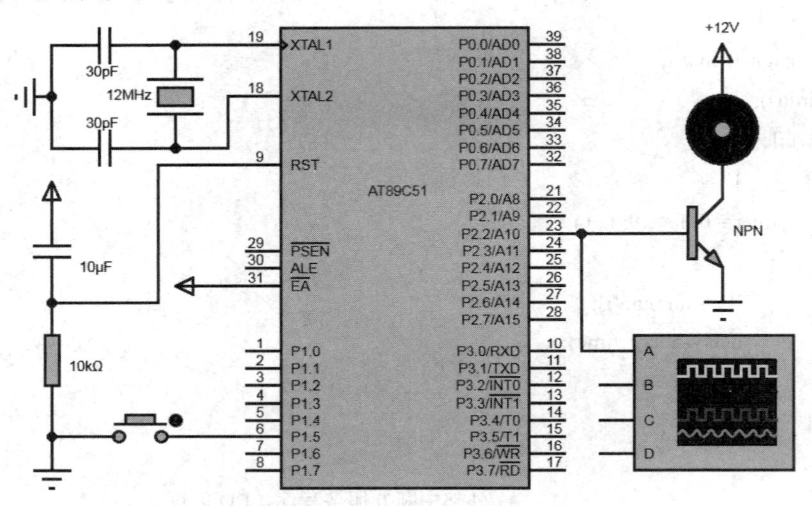

图 7.7　PWM 电机转速控制电路图

(2) 实验任务：开启定时计数器 0，使 P2.2 输出 2 ms 的矩形波。通过 P1.5 的按键控制矩形波的占空比。

3. 实验步骤

(1) 新建一个 Proteus 工程如图 7.7 并保存。

(2) 新建 KEIL 工程，命名为“基于 PWM 的电机转速控制设计”并添加“基于 PWM 的电机转速控制设计.C”。

(3) 编写程序生成“基于 PWM 的电机转速控制设计.hex”，下载到单片机，点击“运行”，观察现象。

4. 实验程序

```
#include <REGX51.H>
sbit UP = P1^5;                    //按键加速
sbit PWM_out = P2^2; 用于 PWM 调速;
char PWM = 5, counter;
void delay(unsigned int a)         //延时程序，用于按键防抖
```

```
{
    while(a--);
}
void INIT( )                    //初始化定时计数器
{
    TMOD = 0x01;                //设置定时计数器 0 工作于方式 1
    TH0 = (65536-1000) >> 8;
    TL0 = (65536-1000);         //定时 1000 μs，即 1 ms
    TR0 = 1;                    //启动定时计数器 0
    ET0 = 1;                    //使能定时计数器 0 中断
    EA = 1;                     //中断总开关
}
void key_scan( )                //按键扫描程序
{
    if(!UP)
    {
        delay(1000);            //防抖；
        if(!UP)                 //加快转速；
        {
            PWM++; if(PWM>9)PWM = 0;    //转速 10 级
        }
        while(!UP);
    }
}
void main( )
{
    INIT( );                        //调用初始化函数，设置定时计数器 0 的工作状态
    while(1)
    {
        key_scan( );                //调用键盘扫描函数
    }
}
void Timer0( ) interrupt 1          //定时计数器 0 中断服务函数
{
    TH0 = (65536-1000)/256;
    TL0 = (65536-1000)%256;
    counter++;                      // counter 每 1 ms 自加 1
    if(counter >= 10){counter=0; }
```

```
        if(counter < PWM)PWM_out = 1;    //占空比调节
        if(counter >= PWM)PWM_out = 0;
    }
```

本程序将定时器 0 的初值设置为 1000 μs(晶振 12 M)，用于产生 PWM 信号。通过按键改变 PWM 的占空比(10 级)。

5. 习题

(1) 添加硬件电路，增加一个按键用于减少 PWM 占空比。修改程序并执行程序观察现象。

(2) 修改程序，将定时计数器 0 改为定时计数器 1。

(3) 增加一个静态显示电路和程序，用于指示电机转速等级。

实验 8　串口通信

1. 实验目的

(1) 掌握定时串口中断的工作原理。

(2) 掌握定时计数器和串口中断相关寄存器的设置。

(3) 掌握串口中断服务函数的编程。

2. 实验电路图及实验任务

(1) 实验电路图如图 7.8 所示。

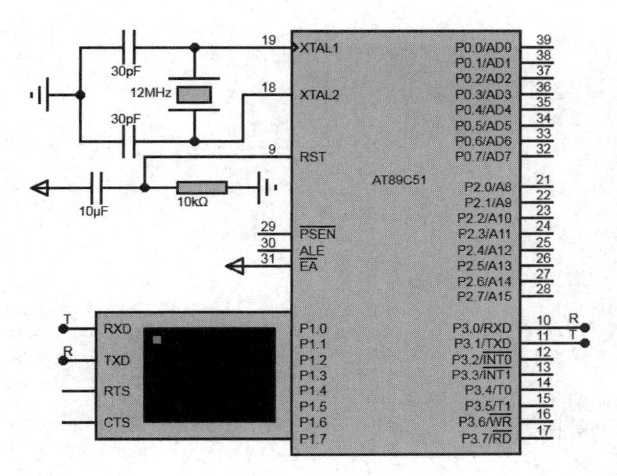

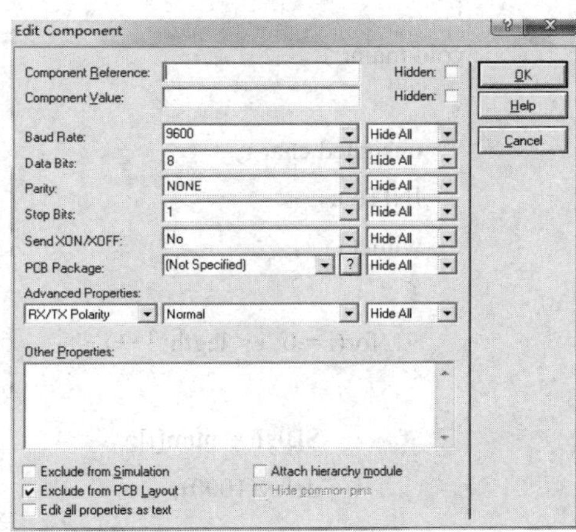

图 7.8　串口通信电路图

(2) 实验任务：开启单片机串口中断，波特率设为 9600 bps，并发送字符串到终端显示。

3. 实验步骤

(1) 新建一个 Proteus 工程如图 7.8 并保存。双击串口“VIRTUAL TERMINAL”模块，将波特率设为 9600 bps、8 位数据、无奇偶校验、停止位 1 位(其他参数默认)。

(2) 新建 KEIL 工程，命名为“串口中断”并添加“串口中断.C”。

(3) 编写程序生成“串口中断.hex”，下载到单片机，点击 “运行”，观察现象。

4. 实验程序

```
#include <REGX51.H>
 #define legth 23
//unsigned char num[] = {"guilin university of electronic technology "};
unsigned char num[legth] = {"My name is yejunming."};
void delay(unsigned int a)
{
```

```
    while(a--);
}
void INIT( )
{
    TMOD = 0x20;                //设置定时计数器1工作于方式2
    TR1 = 1;
    TH1 = 0xfd;
    TL1 = 0xfd;                 //波特率为9600 bps
    SCON = 0x40;                //方式1，REN = 0
    ES = 1;                     //使能串口中断
    EA = 1;                     //中断总开关开启
}
void main( )
{
    unsigned char i;
    INIT( );
    while(1)
    {
        for(i = 0; i < legth; i++)
        {
            SBUF = num[i];
            delay(1000);        //等待
        }
        while(1);               //停止发送
    }
}
void Serial( ) interrupt 4
{
    TI = 0;                     //清零TI
}
```

本程序将定时器2的初值设置为0xfd(晶振12M)，设置串口通信波特率为9600 bps。

5. 习题

(1) 将学号循环发送到显示端。

(2) 设置波特率为4800 bps。

(3) 使用查询法清零TI。

实验 9　简易电压表设计

1. 实验目的

(1) 复习动态显示的电路和编程。

(2) 了解 AD 转换的工作原理和编程。

(3) 了解 SPI 协议。

2. 实验电路图及实验任务

(1) 实验电路图如图 7.9 所示。

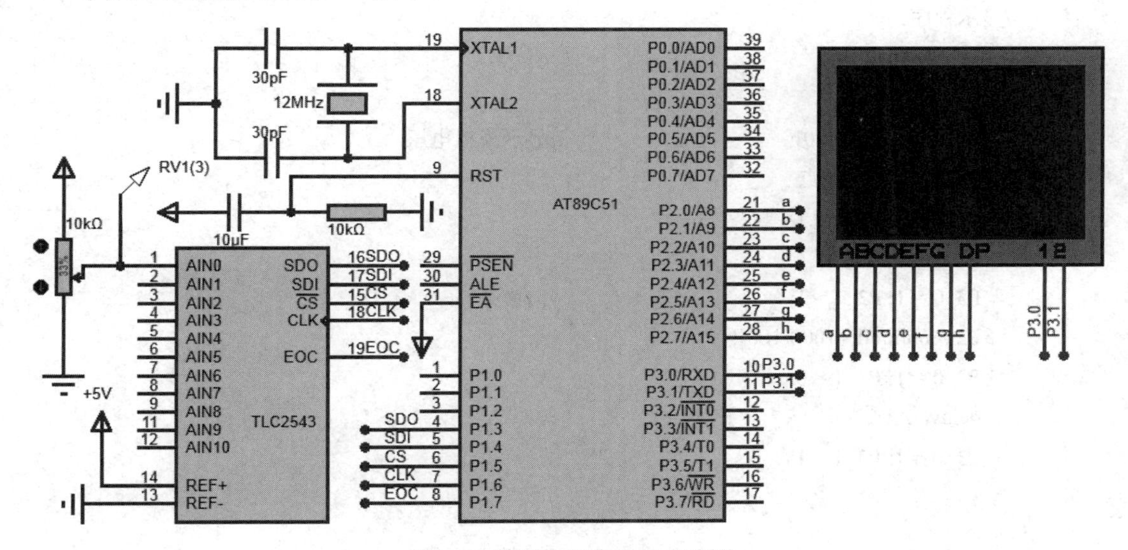

图 7.9　简易电压表设计电路图

(2) 实验任务：将 12 位模数转换芯片 TLC2543 转换二进制数据(0～5V)进行处理后，将实际电压值显示到 2 位动态数码管上。

3. 实验步骤

(1) 新建一个 Proteus 工程如图 7.9 并保存。

(2) 新建 KEIL 工程，命名为“简易电压表设计”并添加“简易电压表设计.C”。

(3) 编写程序生成“简易电压表设计.hex”，下载到单片机，点击“运行”，观察现象。

4. 实验程序

```
#include <REGX51.H>
unsigned char num[] = {0x3f, 0x06, 0x5b, 0x4f, 0x66, 0x6d, 0x7d, 0x07, 0x7f, 0x6f};
//数码管代码表
sbit SDO = P1^3;
sbit SDI = P1^4;
sbit CS = P1^5;
```

```
sbit CLK = P1^6;
sbit EOC = P1^7;
unsigned int ad;
float voltage;                          //必须是浮点型
//延时程序；
void delay()
{
    unsigned int a = 500;
    while(a--);
}
//显示程序；
void display( )
{
    P2 = num[ad/1000];                          //显示模拟电压
    P2_7 = 1; //小数点
    P3_0 = 0; P3_1 = 1;
    delay();
    P3_0 = 1; P3_1 = 1;                         //消影处理
    P2 = num[ad%1000/100];
    P3_0 = 1; P3_1 = 0;
    delay();
    P3_0 = 1; P3_1 = 1;
    }

unsigned int read_ad(unsigned char channel)     // AD 转换函数
{
    unsigned char i;
    unsigned int ad = 0;
    unsigned int ad_value; unsigned char CH_PORT;
    CS = 0;
    CLK = 0;
    CH_PORT = (channel << 4)|0x0c;
    //地址在高四位，低四位设置输出为 16 位，高位在前，无极性输出
    for(i = 0; i < 16; i++)
    {
        if(SDO)ad |= 0x01;
        SDI = (bit)(CH_PORT&0x80);
        CLK = 1;
```

```
        CLK = 0;
        CH_PORT <<= 1;
        ad <<= 1;
    }
    CS = 1;
    ad_value = ad >> 1;
    return (ad_value);
}

void main( )
{
    while(1)
    {
        voltage = read_ad(0)/4095.0;                    //计算真实电压值
        ad = voltage*5000;                       //计算显示值
        display( );
    }
}
```

5. 习题

(1) 添加硬件电路和程序，将显示电压的精度提高到 4 位，并执行程序观察现象。

(2) 修改程序，当电压超过 1.680 V 时 LED 闪烁。

(3) 将 AD 进行 16 次采样并求平均值后显示。

(4) 将 AD 采样后的数据进行四舍五入算法并显示。

实验 10　基于液晶的数字钟设计

1. 实验目的

(1) 了解液晶的工作原理。

(2) 复习定时计数器的原理及编程。

(3) 掌握数字钟的工作原理。

2. 实验电路图及实验任务

(1) 实验电路图如图 7.10 所示。

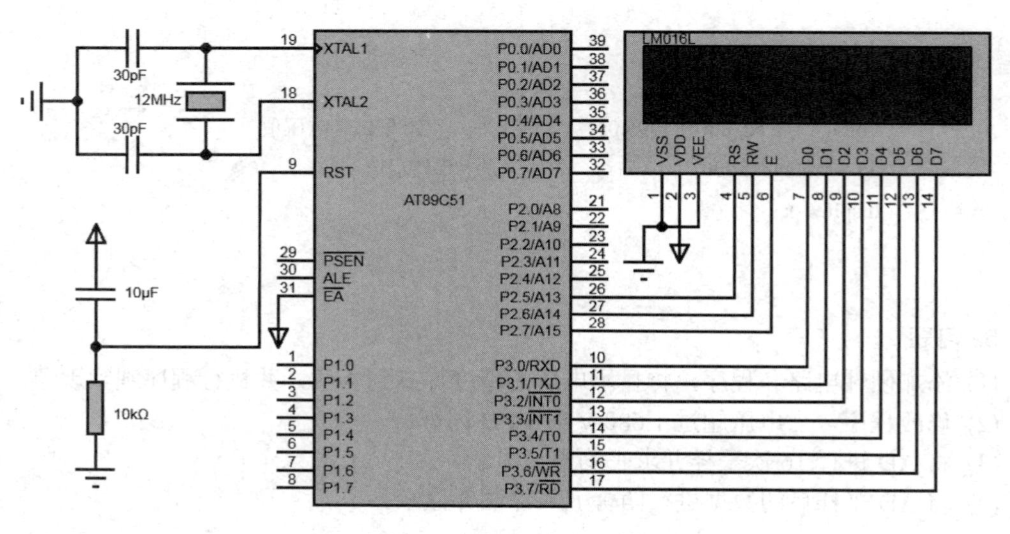

图 7.10　液晶数字钟电路图

(2) 实验任务：在液晶上第一行显示“Clock:”，第二行显示时钟“23：59”。开启定时计数器 0 工作于方式 1，定时 20 ms。设计一个数字钟程序，并使“:”闪烁。

3. 实验步骤

(1) 新建一个 Proteus 工程如图 7.10 并保存。

(2) 新建 KEIL 工程，命名为“基于液晶的数字钟设计”并添加“基于液晶的数字钟设计.C”。

(3) 编写程序生成“基于液晶的数字钟设计.hex”，下载到单片机，点击“运行”，观察现象。

4. 实验程序

```
#include <REGX51.H>
#include <LCD1602.H>
unsigned char count, hour = 23, minute = 59, second;
void display( )
```

```
{
    write_com(0x80);                              //第一行第1个地址
    write_data('C');
    write_data('l');
    write_data('o');
    write_data('c');
    write_data('k');
    write_data(':');
    //第一行 0x80-f；第二行 0xc0-f;
    write_com(0xc6);
    write_data(num[hour/10]);
    write_data(num[hour%10]);
    if(second%2)write_data(':');
    else write_data(' ');
    write_data(num[miniute/10]);
    write_data(num[miniute%10]);
}
void init_interrupt( )
{
    TMOD = 0x01;
    TH0 = 0x3c;
    TL0 = 0xb0;
    ET0 = 1;
    TR0 = 1;
    EA = 1;
}
void clock( )
{
    if(count >= 20){count = 0; second++; }
    if(second >= 60){second = 0; minute++; }
    if(minute >= 60){minute = 0; hour++; }
    if(hour >= 24) hour = 0;
}
void main( )
{
    init_lcd( );                              //初始化液晶
    init_interrupt( );
    while(1)
```

```
        {
            display( );
            clock( );
        }
    }
    void Timer0( ) interrupt 1
    {
        TH0 = 0x3c;
        TL0 = 0xb0;
        count++;
    }
```

液晶驱动头文件：

```
    //LCD1602.h
    unsigned char num[10] = {'0', '1', '2', '3', '4', '5', '6', '7', '8', '9'};
    //定义液晶端口
    #define LCD_DATA P3
    sbit RS = P2^5;
    sbit RW = P2^6;
    sbit E = P2^7;
    void lcd_busy( )                                    //检查LCD忙函数
    {
        LCD_DATA = 0xff;
        RS = 0;
        RW = 1;
        E = 0; E = 1;
        while(LCD_DATA&0x80){E = 0; E = 1; };           //忙等待
    }

    void write_com(unsigned char command)               //写命令函数
    {
        lcd_busy( );
        E = 0; RS = 0; RW = 0;
        E = 1;
        LCD_DATA = command;
        E = 0;
    }
    void write_data(unsigned char lcd_data)             //写数据函数
    {
```

```
    lcd_busy( );
    E = 0; RS = 1; RW = 0;
    E = 1;
    LCD_DATA = lcd_data;
    E = 0;
}
void init_lcd( )                              //初始化 LCD 函数
{
    write_com(0x01);                          //清屏
    write_com(0x38);                          // 5*7 点阵
    write_com(0x0c);                          //显示器开，光标关闭，字符不闪烁
    write_com(0x06);                          //字符不动，光标自动向右移 1 格
}
```

5. 习题

(1) 添加硬件电路和程序，使数字钟整点报时，LED 闪烁 10 秒。

(2) 修改程序，在液晶上显示秒信息。

(3) 添加硬件电路和程序，使数字钟具有调时功能。

参 考 文 献

[1] 王云. 51单片机C语言程序设计教程[M]. 北京：人民邮电出版社，2018.
[2] 张毅刚. 单片机原理及接口技术(C51编程) [M]. 3版. 北京：人民邮电出版社，2020.
[3] 王静霞. 单片机应用技术(C语言版) [M]. 4版. 北京：电子工业出版社，2019.
[4] 郭天祥. 新概念51单片机C语言教程：入门、提高、开发、拓展全攻略[M]. 2版. 北京：电子工业出版社，2018.
[5] 徐爱钧. 单片机原理实用教程：基于Proteus虚拟仿真[M]. 4版. 北京：电子工业出版社，2018.